工程测量实验实习指导

（第2版）

主　编　韩用顺　韦建超　李爱国

中南大学出版社
www.csupress.com.cn

·长沙·

内容简介

本书是作者在总结多年教学与科研实践经验的基础上，分析了新工科背景下工程测量实践教学特点、社会需求、行业发展及应用情况，根据《工程测量教学大纲》和《工程测量实习大纲》编写完成。书中主要介绍了工程测量实习要求、基本技能训练、综合技能训练、综合实习和大比例尺地形图符号与注记。主要内容包括普通水准测量、角度测量、距离测量、导线测量、GNSS 控制测量、大比例尺地形图测绘、场地平整与土方计算、施工放样、竖井定向和变形监测和测量综合实习。此外，本书还配备了大量的图、表和具有典型性意义的测量要求与绘图资料，以便实验实习时参考。

本书强调科学性、系统性、实践性、实用性和易读性的结合，注重工程测量的基本原理与方法、基本技能与操作、外业施测与内业计算、应用实践，并结合具体实验项目和实习任务来提高综合技能。本书可作为高等院校测绘、地信、地理、地质、土木、建筑、园林、采矿、安全、交通、国土、水利、规划、农林等相关专业的实验与实习教程，也可作为相关科技人员的参考书。

高等学校土木工程专业系列教材
编审委员会

前言

Foreword

随着国家经济和科学技术的持续快速发展，测绘地理信息行业也迎来了新的发展阶段。测绘技术有了新的突破，社会对测绘从业人员就有了更高的素质和技能要求，尤其体现在仪器操作应用和内业处理方面。

为了帮助测绘及相关专业学生和工程技术人员更加系统地掌握工程测量的基本理论知识，强化外业采集与仪器操作方法与流程，增强动手实践能力，我们组织编写了《工程测量实验实习指导》一书。本书面向土木、建筑、交通、采矿、测绘、国土、水利、城市规划和林业等专业，全面介绍了工程测量的作用、原理方法、规范要求、实践步骤、数据处理和应用实例，每个实验都有详细的实验原理、组织准备、内容及步骤和注意事项，以巩固相关人员的理论知识，拓宽知识面，提高专业技能。

本书共分为 4 章：第 1 章介绍了工程测量实验与实习必备的基本常识及注意事项等；第 2章为测量基本技能训练，详细介绍了水准测量、角度测量、距离测量及水准仪、全站仪、GNSS 接收机的认识与使用；第 3 章为测量综合技能训练，介绍了采用水准仪、全站仪、GNSS进行等级水准测量、导线测量、控制测量、数字测图等常见的工程测量基本作业内容，同时加入了道路测设与放样、建筑物轴线定位与投测、土方计算、高程传递、竖井定向及沉降观测等建筑施工测量作业内容；第 4 章主要介绍测量教学综合实习，将理论教学和综合实习相结合，对测量基本技能进行巩固和综合运用，重点培养学生动手实践技能和解决复杂工程问题的能力。最后部分为附录，包括工程测量中的相关技术参数要求和大比例尺地形图图式。

本书由湖南科技大学的韩用顺、韦建超和河南理工大学的李爱国主编，参与编写的教师均为长期工作在各高校教学和科研一线的优秀中青年教师，有着丰富的工程测量教学和实践经验。在编写过程中，我们力求做到内容精炼，重点突出，科学性与系统性相统一，实用性与针对性兼备。具体分工如下：韩用顺、何永红、常玉光、刘正才、张东水、李爱国等编写了

第1章,韦建超、陈勇国、于红波、叶险峰、张金平等编写了第2章,李爱国、何永红、肖巍峰、王宇会、刘正才、杨命青等编写了第3章,韩用顺、杨志全、常玉光、李乐林、王宇会、张东水、陈勇国等编写了第4章,韦建超、陈勇国、于红波、肖巍峰、张金平等编写了附录,全书由韩用顺、韦建超、陈勇国负责统稿。

本教程获得湖南省普通高等学校教学改革研究项目(HNJG-2020-0481)、湖南省自然科学基金(2020JJ4295)和交通运输部科技计划项目(2015316T19060)的资助,在此一并致谢。

由于时间仓促,加之编者水平有限,书中难免存在缺点和不足,恳请业界专家、学者和使用本书的学生、专业技术人员批评和指正,不甚感谢!

编　者

2021 年 3 月

目录

Contents

第 1 章

工程测量实验与实习须知

一、实验与实习目的

工程测量是一门技术性和实践性较强的课程,工程测量实验和实习的目的包括但不限于:

1)验证、巩固并掌握课程教学的基础知识、基本原理与方法、基本技能。

2)了解、熟悉并掌握测量仪器的构造、使用方法和操作技能。

3)针对基本测量任务或具体工程测量项目,能运用所学知识和技能完成作业准备、任务部署、外业施测、成果检核、内业处理和报告撰写,培养理论知识与实际工程相结合并解决复杂工程问题的能力。

4)能够根据国家和行业的标准、规范、指南(规程)进行基础测绘以及土木、国土、交通、水利、矿山等工程测量工作。

5)培养学生实际动手能力、独立工作能力、吃苦耐劳精神、团队协作与沟通能力,树立正确的劳动观念和强烈的社会责任感。

6)培养良好的爱国情怀、思想品德和职业道德。

二、实验与实习一般要求

1)学生在实验前,必须认真复习教材中有关内容,仔细预习实验实习教程,严格遵守实验实习要求,了解本次实验实习所用仪器的正确使用方法及注意事项,切实按照实验实习方法和步骤操作,以保证按时按质完成实验和实习任务。

2)实验和实习分小组进行,各班的班长或学习委员向任课老师提供分组名单,确定各小组的组长。组长负责实验和实习的组织与协调工作,办理所用仪器及工具的借领和归还手续,小组其他成员应积极配合组长做好各项工作。每人都必须认真、仔细地参与实验和实习的所有流程,培养独立工作的能力和严谨的科学态度。组员之间要互相配合,团结协作,发扬互助和协作精神。

3)实验和实习是集体实践活动,应按规定的时间在规定的地点进行,不得无故缺席或迟到、早退,不得擅自改变地点。

4)实验和实习过程中须认真观摩指导老师的讲解和示范操作,在使用仪器时严格按照操作规程进行。

5) 实验和实习过程中，发现仪器工具有遗失或损坏的情况，应立即报告指导教师，同时要查明原因，必要时依据学校仪器设备管理的相关规定，进行相应的赔偿和处理。

6) 以严谨的科学态度开展实验和实习活动，认真仔细地操作，不得伪造数据。

7) 实验和实习过程中，应爱护各种公共设施、绿化园林和生态环境等。

8) 实验和实习时，应注意安全，尤其在电线密集处、公路边、陡坎边和深水附近等地方作业时，更需要小心谨慎。

9) 实验和实习时，不得做与实验和实习无关的事情。

三、仪器及工具借用办法

1) 学生按照教学计划进行实验和实习时，要借用仪器的，需由指导教师于课前一周列出借用仪器的品种、数量、使用时间、使用班级及实习组数，以便实验室进行准备。

2) 每次实验和实习所需仪器及工具均在任务书上载明，学生应以小组为单位，于课前由组长凭学生证到测量仪器室办理借用登记，填写班级、组号、组员及日期，对照仪器的借用单，清点仪器及附件。若无问题，在借用单上签名并交由实验室管理人员保存。

3) 借领仪器时，各组听从实验管理人员的指挥，依次由 1~2 人进入室内，有序地将仪器借出。

4) 初次接触仪器，对仪器性能不了解时，未经指导老师讲解不得擅自架设仪器进行操作，以免损坏仪器。

5) 实验和实习过程中，各组应妥善保护仪器及各种附件和工具。各组间不得任意调换仪器及其附件和工具。若有损坏或遗失，视情节照章处理。

6) 实验和实习结束后，应将所借用仪器和工具上的泥土清理干净再交还实验室，由管理人员检查验收。由于交还仪器时间过于集中，不可能将仪器现场详细检查一遍，待下次清点借给他人前(不超过两天)方可算前者借用手续完毕。

7) 测量仪器属贵重仪器，借出的仪器必须有专人保管，如发生仪器损坏或遗失，则按照相应规章制度处理。

8) 搬运前，必须检查仪器箱是否锁好；搬运时，必须轻取轻放，避免剧烈震动和碰撞。

四、使用测量仪器规则

实验仪器是精密贵重仪器，每个人应养成爱护仪器的良好习惯。为保证仪器安全，延长使用寿命并保持仪器精度，使用仪器时，须按如下规则要求进行。

1. 领取仪器时必须仔细检查以下内容

1) 仪器箱盖是否关妥、锁好。

2) 背带、提手是否牢固。

3) 脚架与仪器是否相配，脚架各部分是否完好，脚架腿伸缩处的连接螺旋是否滑丝。要防止因脚架未架牢而摔坏仪器，或因脚架不稳而影响作业。

2. 打开仪器箱时应注意以下事项

1) 仪器箱应平放在地面上或其他台子上才能开箱，不要托在手上或抱在怀里开箱，以免将仪器摔坏。

2)开箱后未取出仪器前,要注意仪器安放的位置与方向,以免用毕装箱时因安放位置不正确而损伤仪器。

3. 从箱内取出仪器时应注意以下事项

1)不论何种仪器,在取出前一定要先放松制动螺旋,以免取出仪器时因强行扭转而损坏制动装置、微动装置,甚至损坏轴系。

2)从箱内取出仪器时,应一手握住照准部支架,另一手扶住基座部分,轻拿轻放,不要用一只手取仪器。

3)仪器放置于三脚架上后,应立即将连接螺旋拧紧。不要过紧,以免损坏螺旋;也不要过松,以免仪器脱落。

4)从箱内取出仪器后,要随即将仪器箱盖好,以免尘土、杂草等异物进入箱内,还能防止搬动仪器时丢失附件。仪器箱应放在仪器附近,不能将箱子当凳子坐。

5)取仪器及其使用过程中,要注意避免触摸仪器的目镜和物镜,以免玷污镜面,进而影响成像质量。不允许用手指或手帕等去擦拭仪器的目镜和物镜等光学部分。

4. 架设仪器时应注意以下事项

1)伸缩式脚架三条腿抽出后,要把固定螺旋拧紧,但不可用力过猛而造成螺旋滑丝。要防止因螺旋未拧紧而使脚架自行收缩而摔坏仪器。脚架三条腿拉出的长度要适中。

2)架设脚架时,三条腿分开的跨度要适中,并得太拢容易被碰倒,分得太开则容易滑开,都会造成事故。若在斜坡上架设仪器,应使两条腿在坡下(可稍放长),一条腿在坡上(可稍缩短)。若在光滑地面上架设仪器,要采取安全措施(例如用细绳或三角形木框将脚架三条腿连接起来),防止脚架滑动而摔坏仪器。

3)在脚架安放稳妥并将仪器放到脚架上后,应一手握住仪器,另一手立即拧紧仪器和脚架间的中心连接螺旋,避免仪器从脚架上掉落摔坏。

4)仪器箱多用薄型塑料制成,不能承重,因此严禁蹬、坐在仪器箱上。

5)架设好仪器后,必须再次检查架腿固定螺旋及中心连接螺旋是否已拧紧。

5. 仪器在使用过程应注意以下事项

1)在强烈日光下观测要撑伞,防止日晒(包括仪器箱);雨天应禁止观测。对于电子测量仪器,在任何情况下均应注意防护。

2)任何时候仪器旁必须有人守护。禁止无关人员拨弄仪器,注意防止行人、车辆碰撞仪器。

3)如遇目镜、物镜外表面蒙上水汽而影响观测(在冬季较常见),应稍等一会用纸片扇风使水汽散发。若镜头上有灰尘,应用仪器箱中的软毛刷拂去。严禁用手帕或其他纸张擦拭,以免擦伤镜面。观测结束应及时套上物镜盖。

4)操作仪器时,用力要均匀,动作要准确、轻捷。制动螺旋不宜拧得过紧,微动螺旋和脚螺旋宜使用中段螺纹,用力过大或动作太猛都会造成仪器损伤。

5)转动仪器时,应先松开制动螺旋,然后平稳转动。使用微动螺旋时,应先拧紧制动螺旋。

6)若发现仪器转动失灵,或有异样声响,应立即停止工作,并报告指导老师。

6. 仪器迁站时应注意以下事项

1)在远距离迁站或通过行走不便的地区时，必须将仪器装箱后再迁站。

2)在近距离且平坦地区迁站时，可将仪器连同三脚架一起搬迁。首先检查连接螺旋是否拧紧，松开各制动螺旋，再将三脚架腿收拢；然后一手托住仪器的支架或基座，一手抱住脚架，稳步行走。搬迁时切勿跑行，防止摔坏仪器。严禁将仪器横扛在肩上搬迁。

3)迁站时，要清点所有的仪器和工具，防止丢失。

4)不管距离远近，全站仪都应装箱搬迁。

7. 仪器装箱时应注意以下事项

1)仪器使用完毕，应及时盖上物镜盖，清除仪器表面的灰尘和仪器箱、脚架上的泥土。

2)仪器装箱前，要先松开各制动螺旋，将脚螺旋调至中段并使之大致等高。然后一手握住支架或基座，另一手将中心连接螺旋拧开，双手将仪器从脚架上取下放入仪器箱内。

3)仪器装入箱内要试盖一下，若箱盖不能合上，说明仪器未正确放置，应重新放置。严禁强压箱盖，以免损坏仪器。在确认安放正确后再将各制动螺旋略微拧紧，防止仪器在箱内自由转动而损坏某些部件。

4)清点箱内附件，若无缺失则将箱盖盖上，扣好搭扣并上锁。

5)如仪器沾有水雾，应将仪器在通风干燥处晾干后再装入仪器箱内。

8. 测量附件和工具使用时应注意以下事项

1)使用皮尺时应避免沾水，若沾水或受潮，应晾干后再卷入皮尺盒内。收卷皮尺时切忌扭转或打结卷入。

2)不得将花杆、水准尺在无人扶持时斜靠在墙上、树上或电线杆上，以防倒下摔断；不得用花杆和水准尺抬东西。

3)小件工具(如卷尺、尺垫等)应用完即收，防止遗失。

4)钢尺量距时，最后 2~3 圈不要拉出，用力不可过猛，以免将连接部分拉断。

5)防止钢尺扭曲、打结。禁止行人踩踏或车辆碾压钢尺以免折断。

6)垂球应保持形状对称、尖部锐利，不得在坚硬的地面上乱碰乱划。

7)携尺前进时，不得沿地面拖拽，以免将尺面刻划磨损。

8)水准尺放置在地面上时，尺面不得接触地面。不允许在地面上拖拽或投掷花杆。

五、测量资料的记录、计算及成果处理要求

1. 测量资料的记录须满足以下要求

1)实验所得各项数据的记录和计算，必须按规定的记录格式，用 2H 或 3H 铅笔认真填写。字迹应清楚并随观测随记录，不准先记在草稿纸上，再誊入记录表中，更不准伪造数据。字高应稍大于格子的一半。

2)观测者读出数字后，记录者应将所记数字复诵一遍，以防听错、记错。

3)禁止连续更改数字，例如：水准测量中的黑面、红面读数，角度测量中的盘左、盘右读数，距离丈量中的往测与返测结果等，均不能同时更改，否则，必须重测。

4)记录错误时，不准用橡皮擦涂改，不准在原数字上涂改。应将错误的数字划去并把正确的数字记在原数字上方。原始观测的数据尾部读数不许更改，应将该部分结果废去重测。

废去重测的范围如表 0-1 所示。

表 0-1 数据记录错误的处理原则

测量种类	不准更改的部位	应重测范围
水平角	分和秒的读数	一测回
竖直角	分和秒的读数	一测回
量距	厘米和毫米的读数	一尺段
水准	厘米和毫米的读数	一测站

5）测量数据的记录应写齐规定的位数，规定如表 0-2 所示。

表 0-2 测量记录数据的位数

测量种类	数据的单位	记录位数
水准	mm	4
角度的分	′	2
角度的秒	″	2

如水准测量的读数为 542 mm，应记为 0542，角度测量中的 8°5′4″应记为 8°05′04″，其中的 0 均不能省略。

6）记录应保持清洁整齐，所有应填写的项目都应填写齐全。

7）简单的计算与必要的检核，应在测量现场及时完成，确认无误后方可迁站。

2. 外业观测记录及计算部分取位

水准测量、角度测量和距离测量的记录及计算取位分别如表 0-3 至表 0-5 所示。

表 0-3 水准观测数据的取位

视距/m	视距总和/km	中丝读数/mm	高差中数/mm	高差总和/mm
0.1	0.01	1.0	0.1	1.0

表 0-4 角度观测数据的取位

读数/″	一测回中数/″
1.0	1.0

表 0-5 距离观测数据的取位

读数/mm	一测回中数/mm
1.0	1.0

3. 测量成果的整理、计算及作业要求

1) 测量成果的整理与计算, 应使用规定表格进行。

2) 内业计算用黑色墨水笔书写。如计算数字有错, 可用横线将错字划去另写。

3) 数据计算时, 应根据所取的位数, 按"4 舍 6 入, 5 前奇进偶不进"的规则进行凑整。
2.5344, 2.5336, 2.5345, 2.5335, 若保留 4 位有效数字, 则均记为 2.534。

4) 计算作业的取位要求如表 0-6 至表 0-8 所示。

表 0-6　水准计算数据的取位

改正数/mm	最后高差/mm	点的高程/mm
1.0	1.0	0.1

表 0-7　导线测量计算数据的取位

角度观测值/″	坐标方位角/″	距离/m	坐标增量/m	坐标/m
1.0	1.0	0.001	0.001	0.001

表 0-8　三角高程测量计算数据的取位

角度观测值/″	距离/m	高差/m	高程/m
0.1	0.001	0.001	0.001

5) 上交计算成果应是原始计算表格, 所有计算均不许另行抄录。

6) 教师批阅后要求改正或重做的部分, 应按时完成并交指导老师重新批阅。

第 2 章

测量基本技能训练

实验 1　微倾式水准仪的认识和使用

一、目的与要求

1. 认识微倾式水准仪的基本构造，了解其主要部件及功能。
2. 熟悉水准仪的基本操作要领，熟练掌握水准仪的粗平、瞄准、精平和读数等基本操作。
3. 掌握地面 A、B 两点之间高差(h_{AB})的观测、记录与计算。

二、实验原理

根据"两条平行线之间的距离相等"的原理，利用已知点高程测定两点之间高差，进而计算待定点高程。如图 1-1 所示，在小范围区域内，水准仪提供的水平视线与高程基准面平行，则有 $H_A+a=H_B+b$，故 $H_B=H_A+a-b=H_A+h_{AB}$。

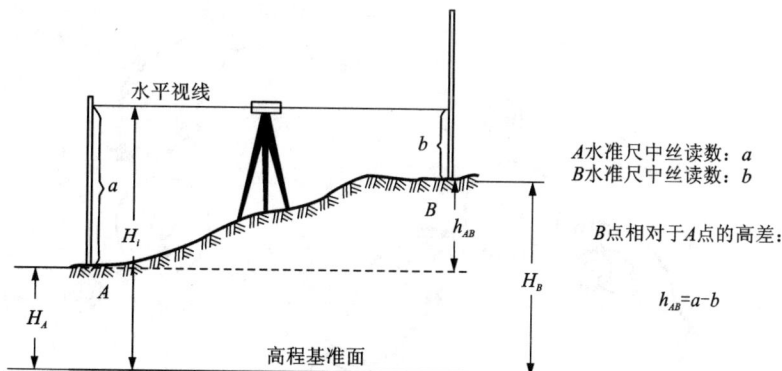

A水准尺中丝读数：a
B水准尺中丝读数：b

B点相对于A点的高差：

$$h_{AB}=a-b$$

图 1-1　水准测量原理示意图

三、组织和准备

1. 人员组织。每组 4~6 人左右,其中 2 人立尺,1 人观测,1 人记录,1 人计算,轮流操作。

2. 仪器准备。每组水准仪 1 台,脚架 1 个,水准尺 1 对(红面零点分别为 4.687 m 和 4.787 m,即红面尺底数字分别为 47 和 48)。

3. 场地布置。每组在指定场地选择距离 50 m 左右的地面两点,并分别标记点号 A、B,并假定 A 点高程已知($H_A = 100.000$ m)。

四、内容及步骤

1. 水准仪的认识。

认识微倾式水准仪的各个部件(图 1-2),并了解其功能和使用方法。

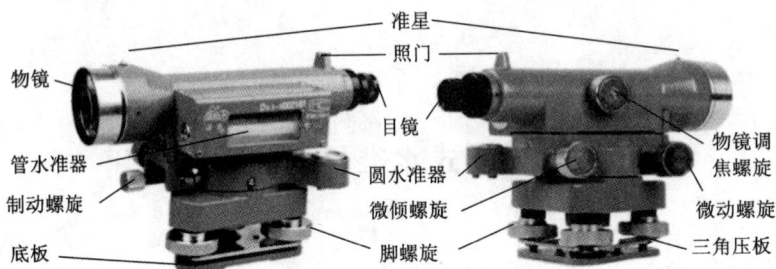

图 1-2　微倾式水准仪主要部件示意图

2. 水准仪的使用。

水准仪的使用流程:安置→粗平→瞄准→精平→读数→测高。

具体步骤如下:

1)安置:在距离 A、B 点大致相同的中间位置安置水准仪(图 1-1)。打开三脚架,松开各架腿的制动螺旋;拉伸架头并调整到适当高度且保持架头大致水平,拧紧各架腿制动螺旋;双手从仪器箱中取出水准仪并将其平稳放在脚架上;一手扶仪器,另一手拧紧脚架与仪器的连接螺旋。

2)粗平:采用"2+1"模式(图 1-3)进行粗平。先双手同时向内(或向外)转动一对脚螺旋,使圆水准器气泡移至该对脚螺旋的中间;再转动另一只脚螺旋使气泡位于圆水准器中心。

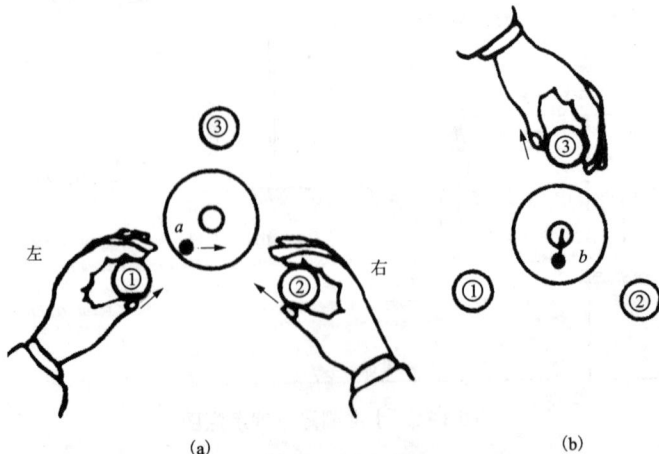

图 1-3　调节圆水准器粗平示意图

3)瞄准：按以下步骤瞄准水准尺。

①目标调焦：旋转目镜调焦螺旋，使十字成像清晰。

②粗略瞄准：松开制动螺旋，用准星和照门瞄准水准尺后旋紧制动螺旋。

③物镜调焦：旋转物镜调焦螺旋，使水准尺分划线成像十分清晰。

④精确瞄准：旋转微动螺旋，使水准尺像的一侧靠近十字丝竖丝并与竖丝平行。

⑤消除视差：眼睛上下移动，检查十字丝与水准尺分划像之间是否有相对移动。

⑥如有相对移动则存在视差，需重新对目镜和物镜调焦，直到视差消除。

4)精平：转动微倾螺旋并观察管水准器气泡，直到将气泡的左、右两侧的半像吻合，即由图 1-4(a)或图 1-4(b)所示的左右错开状态调到图 1-4(c)所示的吻合状态。

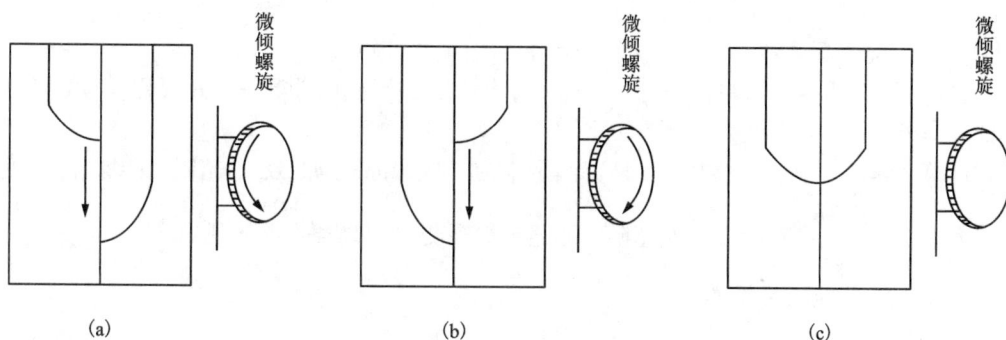

图 1-4　通过旋转微倾螺旋精平

5)读数：精平完成后，以十字丝的中丝(横丝)读出水准尺分划线上的数值，取 4 位读数，估读至毫米。如图 1-5 望远镜中看到的水准尺成倒像，由小往大的注记方向读取中丝位置的数值为 1.277 m。每次读数之前，都必须精平。

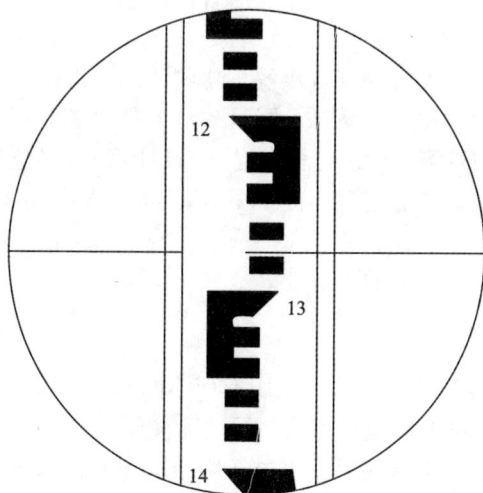

图 1-5　微倾式水准仪读数

6) 测定高差：采用双面尺法或变仪器高法观测、记录并计算 A、B 两点之间的高差（表1-1、表1-2）。

（1）双面尺法：观测顺序"后-前-前-后"，即先观测黑面后视（A）-前视（B），再观测红面前视（B）-后视（A）。

①读取 A 尺黑面读数 $a_黑$，B 尺黑面读数 $b_黑$；记录并计算黑面高差 $h_{AB黑}=a_黑-b_黑$。

②读取 B 尺红面读数 $b_红$，A 尺红面 $a_红$，记录并计算红面高差：$h_{AB红}=a_红-b_红$。

③计算 $\Delta h=h_{AB黑}-(h_{AB红}\pm0.1)$，检核 Δh 是否满足 $|\Delta h|\leq 6$ mm，如 Δh 不超限，计算 A、B 两点的高差 $h_{AB}=\dfrac{h_{AB黑}+h_{AB黑}\pm0.1}{2}$ 米；如 Δh 超限，则把该组观测数据划掉，重新观测。

④轮换小组其他成员操作。

（2）变仪器高法：

①读取 A 尺黑面读数 a_1、B 尺黑面读数 b_1，记录并计算高差 $h_{AB1}=a_1-b_1$。

②升高（或降低）仪器高度 10 至 20 cm，再次读取 A 尺黑面读数 a_2、B 尺黑面读数 b_2，记录并计算高差 $h_{AB2}=a_2-b_2$。

③计算 $\Delta h=h_{AB1}-h_{AB2}$，检核 Δh 是否满足 $|\Delta h|\leq 6$ mm，如 Δh 不超限，计算 A、B 两点的高差米 $h_{AB}=\dfrac{h_{AB1}+h_{AB2}}{2}$ 米，如 Δh 超限，则把该组观测数据划掉，重新观测。

④轮换小组其他成员操作。

五、注意事项

1. 三脚架要安置稳妥，高度适中，架头大致水平，三脚架伸缩腿的固定螺旋要拧紧。

2. 用双手取出仪器，握住仪器的坚实部分，用中心连接螺旋将仪器固定在三脚架上，确认连接牢固后方可放手，同时要随即关好仪器箱。

3. 掌握正确的仪器操作方法，特别是仪器整平和视差消除的方法。

4. 要先认清水准尺的分划和注记，然后练习在望远镜内读数。

5. 微倾式水准仪在每次读数前必须精平，使管水准器严格居中（符合水准器气泡两端的影像吻合）。

6. 复读复记，观测人员读数时要声音洪亮、吐词清晰、语速适中，记录人员要在观测人员旁一边听一边记录并重复观测员的读数，同时观测人员要核对记录人员复读的数值。

7. 复测复算，每一测站观测、记录完毕，记录（或计算）人员立即快速计算出双面尺法或变仪器高法测得的两点之间高差值，确定是否超限。如果没有超限，则可以通知搬站续测，否则，该测站重测。

8. 要爱护仪器，重视测量记录的规范性。

六、课后思考

1. 水准仪上的圆水准器和管水准器的作用有何不同？

2. 何为视差，产生视差的原因是什么，怎样消除视差？

3. 为什么瞄准水准尺的方向改变后，要重新用微动螺旋使水准管气泡符合？

4. 变仪器高法和双面尺法在求 AB 高差时有何异同，为什么？

5. 当 A、B 相距较远，一个测站无法直接测出 A、B 两点高差时，如何根据已知点 A 的高程，求出未知点 B 的高程？

实验报告 1　微倾式水准仪的认识和使用

日期＿＿＿＿＿＿＿＿＿地点＿＿＿＿＿＿＿＿＿仪器设备＿＿＿＿＿＿＿＿＿

班级＿＿＿＿＿＿＿＿＿小组＿＿＿＿＿＿＿＿＿姓　名＿＿＿＿＿＿＿＿＿

表 1-1 变仪器高法水准测量记录手簿

测站	变换仪高	测点	水准尺读数/m	单次高差/m	平均高差/m
	仪高 I	A			
		B			
	仪高 II	A			
		B			
	仪高 I	A			
		B			
	仪高 II	A			
		B			
	仪高 I	A			
		B			
	仪高 II	A			
		B			
	仪高 I	A			
		B			
	仪高 II	A			
		B			
	仪高 I	A			
		B			
	仪高 II	A			
		B			
	仪高 I	A			
		B			
	仪高 II	A			
		B			
	仪高 I	A			
		B			
	仪高 II	A			
		B			

表 1-2　双面尺法水准测量记录手簿

测站	变换尺面	水准尺读数/m		单面高差/m		平均高差/m	
		A	B	+	−	+	−
	黑面						
	红面						
	黑面						
	红面						
	黑面						
	红面						
	黑面						
	红面						
	黑面						
	红面						
	黑面						
	红面						
	黑面						
	红面						
	黑面						
	红面						
	黑面						
	红面						
	黑面						
	红面						
	黑面						
	红面						
	黑面						
	红面						
	黑面						
	红面						
	黑面						
	红面						
	黑面						
	红面						
	黑面						
	红面						

实验 2　普通水准测量

一、目的与要求

1. 掌握普通水准测量的外业施测方法。
2. 掌握水准测量的内业计算。

二、实验原理

通过连续多次观测，求出距离较远的 A、B 两点之间的高差（图 2-1）。若观测 n 个测站，第 i 测站的高差为 h_i，则水准点 A 和 B 之间的高差为 $h_{AB} = \sum_{i=1}^{n} h_i$。若已知 A 点高程为 H_A，则 B 点的高程为：$H_B = H_A + h_{AB}$。

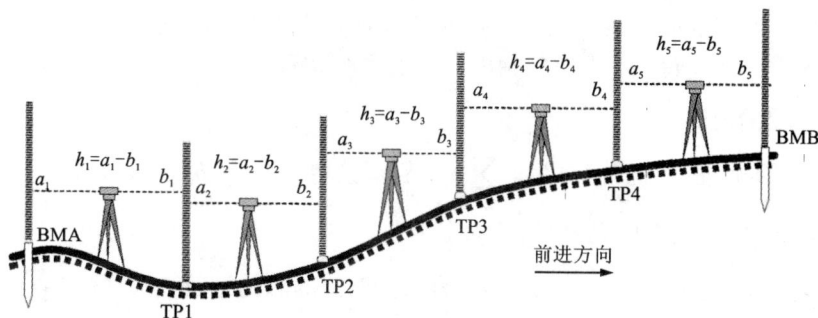

图 2-1　水准测量路线示意图

三、组织和准备

1. 人员组织。每组 4~6 人，2 人立尺，1 人观测，1 人记录（或 1 人计算）。每人负责观测一个测段，轮流操作。
2. 仪器工具。水准仪 1 台，水准尺 1 对，尺垫 2 个，记录板 1 块，计算器、铅笔自备。
3. 场地布置。沿校园道路布设一条由 4 个水准点组成的闭合水准路线（如图 2-2），相邻点间距 50~200 m；依次编号 BM1、BM2、BM3、BM4。BM1 为已知水准点，假设其高程 $H_1 = 50.000$ m。

四、方法及步骤

1. 水准测量的外业施测

1）相邻两个水准点之间组成一个测段，每个测段要求观测偶数个测站。
2）每个测站分别在前视点和后视点上立水准尺（如前视或后视点为转点，则需先放置尺垫，再将水准尺立于尺垫上），在与两尺距离大致相等的中间位置安置水准仪（如图 2-2）；读

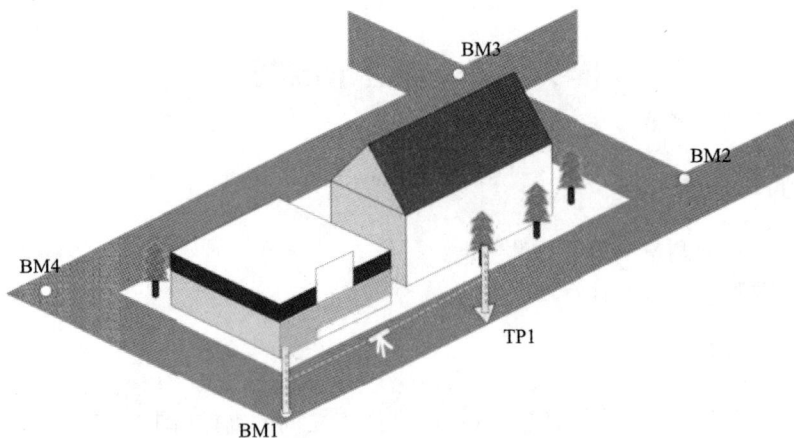

图 2-2　水准路线布设示意图

取该测站后视读数 a_i、前视读数 b_i，记入表 2-1，并计算该测站高差 $h_i = a_i - b_i$。

3）迁站时，原前视尺原地不动，原后视尺向前移动变成新测站的前视尺。重复步骤 2，完成该测站观测。依次设站，直至回到出发的水准点 BM1。

2. 水准测量的内业计算

1）计算所有测站的前视读数之和 $\sum a_i$、后视读数之和 $\sum b_i$ 以及高差之和 $\sum h_i$，检核 $\sum a_i - \sum b_i = \sum h_i$ 是否成立。

2）计算容许高差闭合差 $12\sqrt{N}$（N 为闭合水准路线的总测站数），检核 $\left| \sum h_i \right| \leqslant 12\sqrt{N}$（mm）是否成立。如不成立则高差闭合差超限，需重新观测；如成立则调整高差闭合差。

3）调整高差闭合差并计算待求水准点 BM2、BM3、BM4 的高程 H_2、H_3 和 H_4，完成实习报告中表 2-2 的内容。

五、注意事项

1. 前、后视距应大致相等，并且在同一测站，圆水准器只能整平一次。

2. 每次读数前，要消除视差和精平。

3. 读数时，记录者要回读数据，防止读错、听错、记错。

4. 水准尺应立直，已知或待测水准点上立尺不放尺垫，只在转点处放尺垫。

5. 仪器未搬迁，前、后视点若安放尺垫则均不得移动。仪器搬迁后，后视点水准尺及尺垫往前前进，但前视点尺垫不得移动。

6. 注意观测记录的填写格式，记录要书写整齐清楚，随测随记，不得重新誊写。

7. 水准测量工作要求全组人员紧密配合，服从组长管理，互谅互让，禁止闹意见。

六、课后思考

1. 为什么在水准测量中要求前、后视距相等？

2. 水准测量时，转点的作用是什么？转点上立尺需要注意什么？

实验报告 2　普通水准测量

日期＿＿＿＿＿＿＿地点＿＿＿＿＿＿＿＿＿仪器编号＿＿＿＿＿＿＿＿＿
班级＿＿＿＿＿＿＿＿小组＿＿＿＿＿＿＿＿姓　　名＿＿＿＿＿＿＿＿

表 2-1　水准测量记录手簿

测站	测点	后视读数/m	前视读数/m	高差/m
1	BM1—TP1			
	—			
	—			
	—			
	—			
	—			
	—			
	—			
	—			
	—			
	—			
	—			
	—			
	—			
	—			
	—			
	—			
	—			
	—			
	—			
	—			
	—			
	—			
	—			
总和 $\sum$ =				
检核		$\sum a_i - \sum b_i =$	$\sum h_i =$	

表 2-2　水准测量内业计算

测段号	点名	测站数 n_i	实测高差/m	改正数/mm	改正后高差/m	高程/m	备注
1	BM1					50.000	
	BM2						
2							
	BM3						
3							
	BM4						
4							
	BM1						
	总测站数 N						

辅助计算	① 高差闭合差：$f_h = \sum h_i =$ ② 容许差：$f_{h容} = \pm 12\sqrt{N} =$ ③ 每站改正数：$v = \dfrac{-f_h}{N} =$ ④ 每测段改正数：$v_i = v \times n_i$ ⑤ 每测段改正后高差：$\hat{h}_i = h_i + v_i$ ⑥ 各水准点高程：由 $H_i = H_{BM(i-1)} + \hat{h}_i$ 可得 　　　　　$H_2 =$ 　　　　　$H_3 =$ 　　　　　$H_4 =$	水准路线略图

实验 3　电子水准仪的认识和使用

一、目的与要求

1. 熟悉电子水准仪的结构及各部件功能。
2. 掌握利用电子水准仪实施精密水准测量的基本原理与方法。

二、实验原理

电子水准仪的望远镜光学部分和机械结构与自动安平光学水准仪相同,其工作原理与自动安平光学水准仪相同。除了具备光学水准仪功能之外,电子水准仪还采用了条码水准尺,配备了数字图像识别处理系统,可实现自动读数功能。

三、组织和准备

1. 人员组织。每组 3~4 人,立尺 1~2 人,观测 1 人,记录 1 人。每人测一个测段,轮流操作。
2. 仪器准备。每组借电子水准仪 1 台,配套脚架 1 个,条码标尺 1 副(附尺垫)、尺架 1 副。
3. 场地布置。沿校园道路选定一条闭合水准路线,每人完成不少于两站的观测。

四、方法及步骤

1. 水准仪的认识。认识电子水准仪的部件,并了解其功能和使用方法。如图 3-1 所示。

图 3-1　电子水准仪的主要部件示意图
①提柄;②圆水准器;③物镜;④物镜调焦螺旋;⑤测量键;⑥水平微动螺旋;⑦数据输出插口;⑧脚螺旋;⑨底盘;⑩电池盖;⑪目镜及调焦螺旋;⑫键盘;⑬显示屏

2.水准仪的使用。按以下步骤,利用电子水准仪完成闭合水准路线的施测和计算(表3-1)。

1)安置仪器:手提把手,将仪器由箱中取出,安置在脚架上,整平后开机。

2)参数设置:包括测量单位、所显示的测量值小数点后的位数、蜂鸣信号、语言和时间等参数的设置;输入精确的线路水准测量、目标高度测量、视距测量和控制参数(包括:最大测量距离、最小距离、最大差、折射系数、日期和时间等)。选择测量记录的媒介。

3)测量和记录。望远镜聚焦后,将仪器的垂直十字丝与标尺重合,然后按下开始按键,做好观测记录。

4)选定一条水准路线,进行水准路线的测量。

五、注意事项

1.前后视距差及累计差没有提示功能,在实验中要记录前后视距差和累计差。

2.遇到树枝或其他障碍物时,只要上、中、下三丝中有一丝被遮挡则无法显示距离和中丝读数。

3.确保水准标尺立直(水平圆气泡居中)以提高测量成果的质量。

4.每次测量时检查水准标尺的条形码是否完好无损,尺面是否清洁干净,保证成像清晰可见。

六、课后思考

1.电子水准仪与普通光学水准仪相比,主要有哪些特点?

2.为什么使用电子水准仪时,仅需要将圆水准器气泡居中即可测量?

实验报告 3　电子水准仪的认识和使用

日期＿＿＿＿＿＿＿＿　地点＿＿＿＿＿＿＿＿　仪器编号＿＿＿＿＿＿＿＿

班级＿＿＿＿＿＿＿＿　小组＿＿＿＿＿＿＿＿　姓　名＿＿＿＿＿＿＿＿

表 3-1　水准测量记录手簿

测站	测点	后视读数/m	前视读数/m	高差/m
1	BM1—TP1			
	—			
	—			
	—			
	—			
	—			
	—			
	—			
	—			
	—			
	—			
	—			
	—			
	—			
	—			
	—			
	—			
	—			
	—			
	—			
	—			
总和 $\sum=$				
检核		$\sum a_i - \sum b_i =$	$\sum h_i =$	

实验4　经纬仪的认识和使用

一、目的与要求

1. 熟悉经纬仪各部件的名称、功能及其正确操作方法。
2. 掌握经纬仪的对中、整平、瞄准目标、消除视差及读数操作。

二、实验原理

1. 通过整平经纬仪将带刻划线的圆形度盘置于水平位置，通过对中操作将度盘中心位于角顶点的铅垂线上；当转动照准部转动瞄准不同方向目标时，读数装置指向该水平方向的水平度盘刻度值，从而测出水平角。
2. 经纬仪通过量取倾斜视线与水平线在竖直度盘上的刻度值，从而测出竖直角的大小。

三、组织和准备

1. 人员组织。4~6 人 1 组，2 人持花杆或测钎，1 人观测，1 人记录（或 1 人计算），轮流操作。
2. 仪器准备。光学经纬仪 1 台，脚架 1 个，测钎或花杆 2 根，记录板 1 块，自备铅笔。
3. 场地布置。在指定场地选择 O、A、B 三个点，在 O 点做好测量标志，用于安置经纬仪；在 A、B 两点立花杆或测钎用于瞄准。

四、方法及步骤

1. 熟悉经纬仪的构造，认识图 4-1 所示的经纬仪主要部件及其功能。

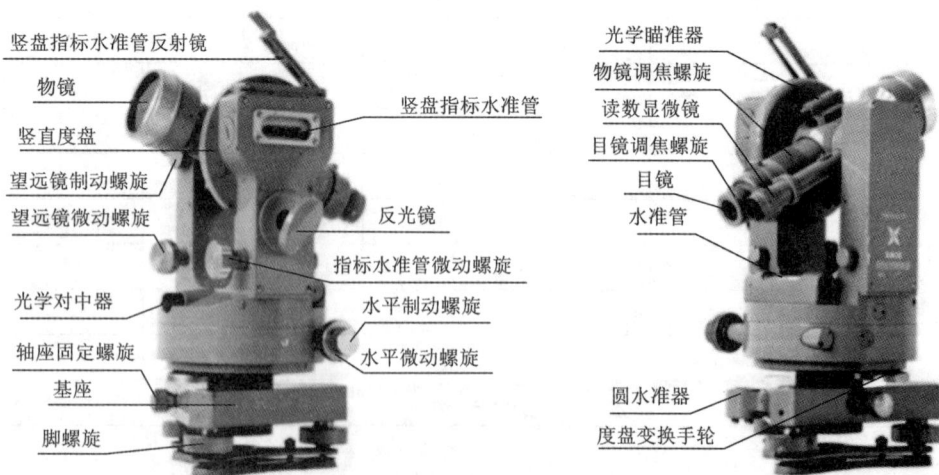

图 4-1　经纬仪的主要部件示意图

2. 在 O 点安置经纬仪，包括对中和整平两项内容。

1）对中：眼睛观察经纬仪光学对中器，移动三脚架中的 2 个脚，使仪器大致对中；调节脚螺旋，使仪器精确对中。

2）粗平：根据气泡位置，升降三脚架的 2 个脚架，使圆水准气泡居中。

3）精平步骤如下：

①置水准管与两个脚螺旋连线平行，对向旋转两个脚螺旋使该方向上管水准器气泡居中。

②转动照准部使管水准器与步骤①的管水准器方向成 90°，旋转第三个脚螺旋使该方向上圆水准器气泡居中。

③转动照准部至任意方向，如管水准器气泡保持居中，则精平完成；否则重复步骤①至③直到精平完成。

4）检查对中：如对中满足要求，则完成仪器的对中整平；如对中存在少量偏差，则松开连接螺旋（仍连接着仪器），在脚架的架头上轻微移动仪器（基座不能超出架头范围），完成精确对中。如对中偏差较大，在脚架架头上轻微移动仪器无法完成精确对中，则需重复步骤1）~3）直到完成仪器的对中和整平。

3. 用望远镜瞄准 A 处的花杆或测钎。

1）安置好仪器后，松开照准部和望远镜的制动螺旋，用瞄准器初步瞄准目标后拧紧水平和竖直制动螺旋。

2）调节目镜对焦螺旋，看清十字丝，再旋转物镜对焦螺旋，使望远镜内目标成像清晰，旋转水平微动和垂直微动螺旋，用十字丝精确照准目标，并消除视差。

4. 练习水平度盘读数（表 4-1）。

5. 练习用水平度盘变换手轮设置水平度盘读数。

1）瞄准目标之后，转动水平度盘变换手轮，使水平度盘读数设置到预定数值。

2）松开制动螺旋，稍微旋转后，再重新照准原目标，看水平度盘读数是否仍为原读数，否则需重新设置。

五、注意事项

1. 经纬仪是精密仪器，使用时要十分谨慎小心，各个螺旋要慢慢转动。不能大幅度、快速地转动照准部及望远镜。

2. 在转动照准部或望远镜时，一定要先把制动螺旋松开。

3. 水平度盘读数时，尽量用十字丝中丝瞄准目标底部，以减少目标倾斜所引起的误差。

4. 当一个人操作时，其他人员只作语言帮助，不要多人同时操作一台仪器。

5. 练习水平度盘读数时要注意估读的准确性，如 J6 经纬仪，秒为 6 的整数倍。

6. 仪器安放到三脚架上或取下时，要一手先握住仪器，以防仪器摔落。

7. 日光下测量时应避免将物镜直接瞄准太阳。

六、课后思考

1. 经纬仪为什么要对中整平之后才能测角？

2. 望远镜转动时，不松开制动螺旋对仪器有何危害？

实验报告 4　经纬仪的认识和使用

日期＿＿＿＿＿＿＿＿＿＿　地点＿＿＿＿＿＿＿＿＿＿　仪器编号＿＿＿＿＿＿＿＿＿＿

班级＿＿＿＿＿＿＿＿＿＿　小组＿＿＿＿＿＿＿＿＿＿　姓　名＿＿＿＿＿＿＿＿＿＿

表 4-1　水平度盘读数记录手簿

测站	目标	竖盘位置	水平度盘读数 。 ′ ″	备注
		左		
		右		
		左		
		右		
		左		
		右		
		左		
		右		
		左		
		右		
		左		
		右		
		左		
		右		
		左		
		右		

实验 5　测回法测量水平角

一、目的与要求

1. 掌握测回法测量水平角。
2. 进一步熟悉经纬仪的操作及其使用方法。

二、实验原理

如图 5-1 所示，O、A、B 是地面上任意三个点，OA 和 OB 两条方向线所夹的水平角即为过 OA 和 OB 的两个铅垂面的二面角 β。在 O 点安置经纬仪，通过精密对中将仪器的水平度盘中心与水平角顶点位于同一铅垂线上；通过整平仪器使得水平度盘处于水平状态；分别照准目标 A 和 B，得到二面角的两个铅垂面与水平度盘的两个交线的度盘读数 a 和 b，从而测量出水平角值 $\beta = b - a$。该方法主要用于观测单角，即一个站点，两个目标方向。

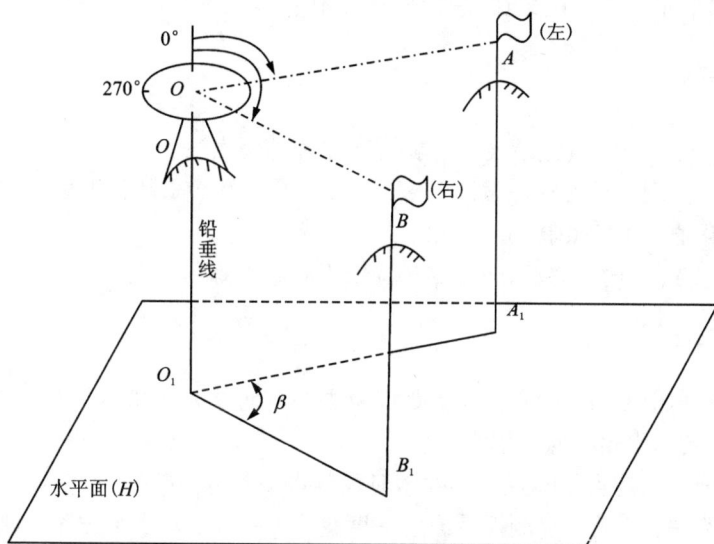

图 5-1　经纬仪水平度盘测量水平角示意图

三、组织和准备

1. 人员组织。4~6 人 1 组，2 人持测钎或花杆，1 人观测，1 人记录(或 1 人计算)，轮流操作。
2. 仪器工具。经纬仪 1 台，脚架 1 个，花杆 2 根，记录板 1 块，自备计算器、铅笔、草稿纸。
3. 场地布置。在指定地面定出 O、A、B 三点并做好标志，OA 边在待测角 β 的左手边，

OB 边在待测角度 β 的右手边；在 O 点上安置经纬仪，在点 A、B 竖立花杆。

四、方法和步骤

1. 在点 O 上安置经纬仪，对中、整平仪器。

2. 以盘左位置照准左方目标 A，按下水平度盘变换手轮，配置水平度盘读数，使其略大于 $0°00'00''$，读出水平度盘读数 $a_左$ 并填入记录表 5-1 内。

3. 顺时针转动仪器，照准右方目标 B，记录水平度盘读数 $b_左$，填入记录表 5-1，并计算上半测回角值：$\beta_左 = b_左 - a_左$。

4. 纵转望远镜(也称倒镜)将经纬仪置盘右的位置，先照准右方目标 B，读取水平度盘读数 $b_右$，记入记录表 5-1。

5. 逆时针转动照准部，照准左方目标 A，读取水平度盘读数 $a_右$，记入测角记录表 5-1。盘右位置的观测称下半测回，计算下半测回角值：$\beta_右 = b_右 - a_右$。

6. 如 $\beta_左$ 和 $\beta_右$ 之差没有超限(不超过 $\pm40''$)，则取其平均值 $\beta = (\beta_左 + \beta_右)/2$ 作为水平角 $\angle AOB$ 的值。

7. 如观测 n 个测回，则在第 $i(i=1, 2, \cdots, n)$ 个测回开始时重新设置起始方向(即盘左瞄准的目标 A 方向)的水平度盘读数在 $(i-1) \times \dfrac{180°}{n}$ 附近。

五、注意事项

1. 在记录前，首先要弄清记录表格的填写次序和填写方法。
2. 在观测中若发现水准管气泡偏离较多，则该测回作废，重新整平后再观测。
3. 立即计算角值，如果超限，应重测。
4. 在选择目标 A、B 时，最好选取 A、B 位于不同高度练习观测。

六、课后思考

1. 在计算水平角值 β 时，用右方向读数 b 减去左方向读数 a 和用左方向读数 a 减去右方向读数 b，所得到的水平角有何区别？
2. 在不同测回开始前重新配置水平度盘对观测水平角有何好处？
3. 在测角过程中，若动了复测扳手或水平度盘变换手轮，对水平角度观测有何影响？
4. 经纬仪对中、整平不精确，对水平角观测有何影响？

实验报告 5　测回法测量水平角

日期＿＿＿＿＿＿＿＿地点＿＿＿＿＿＿＿＿仪器编号＿＿＿＿＿＿＿＿
班级＿＿＿＿＿＿＿小组＿＿＿＿＿＿姓　名＿＿＿＿＿＿＿＿

表 5-1　测回法水平角观测记录手簿

测站	盘位	目标	水平度盘读数 ° ′ ″	半测回角值 ° ′ ″	一测回角值 ° ′ ″	各测回平均值 ° ′ ″	备注
O	左	A					
		B					
	右	B					
		A					

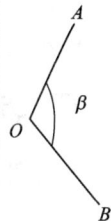

实验6　方向观测法测量水平角

一、目的和要求

1. 掌握方向观测法观测水平角。
2. 理解方向法和测回法观测水平角的区别。
3. 巩固经纬仪的安置操作，提高照准精度和读数速度。

二、实习原理

实验原理同实验5。该方法主要用于观测多角，即一个站点上观测三个及以上目标方向。

三、组织和准备

1. 人员组织。4~6人1组，2人持花杆或测钎，1人观测，1人记录(或1人计算)，轮流操作。
2. 仪器工具。经纬仪1台，脚架1个，测钎或花杆2根，记录板1块，自备计算器、铅笔、草稿纸。
3. 场地布置。在指定地方设置用于安置仪器的O点和用于照准的A、B、C、D点(如图6-1所示)。

四、方法及步骤

1. 安置经纬仪

在O点安置经纬仪，将A方向作为起始零方向。

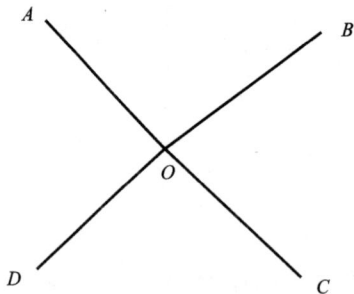

图6-1　方向观测法观测水平角

2. 盘左观测

1) 大致瞄准起始方向A，拨动水平度盘变换手轮，将水平度盘置于零度附近(略大于零度)，精确瞄准目标A，读取水平读盘读数a_1，记入记录手簿表6-1。
2) 顺时针转动照准部，依次照准目标B、C、D，读取水平度盘读数b、c、d，并将读数值分别记入记录手簿(表6-1)中。

3)继续顺时针旋转照准部至起始方向 A，读取水平度盘读数 a_2 并记入记录手簿。a_1、a_2 之差为盘左半测回归零差；若在允许范围内(DJ2 仪器为 12″，DJ6 仪器为 18″)，则取其平均值作为目标 A 的盘左读数，否者该测回重测。

3. 盘右观测

1)照准 A 方向，并读取水平度盘读数 a_1'，记入记录手簿(表6-1)。

2)逆时针方向依次照准目标 D、C、B，并读取水平度盘读数 d'、c'、b'，将读数值分别记入记录手簿中。

3)继续逆时针转至 A 方向，读取零方向的水平度盘读数 a_1'并记入记录手簿，a_1'和 a_2'之差为盘右半测回归零差；若在允许范围内，则取其平均数作为目标 A 的盘右读数，否则该测回重测。

4. 计算

1)同一方向两倍照准误差 $2C=L-(R\pm180°)$，L 为盘左读数，R 为盘右读数；各方向的平均读数 $=\frac{1}{2}[L+(R\pm180°)]$；各方向平均读数减去起始方向 A 的平均读数，即得到其归零后的方向值。

2)同样方法完成其他各测回观测，第 i 测回需重新设置起始方向的盘左水平度盘读数为 $(i-1)\times\frac{180°}{n}$($n$ 为总测回数)；最后计算所有测回同一方向归零后方向值的平均值，并检查同一方向值各测回互差是否超限。

五、注意事项

1.三脚架要安置稳当，仪器连接要可靠，经纬仪是精密仪器，使用时要十分谨慎小心，各个螺旋要慢慢转动，在转动望远镜和照准部前一定要把制动松开。

2.一测回内不得两次整平仪器。

3.选择距离适中、通视良好、成像清晰的方向作零方向。

4.使用微动螺旋和测微螺旋时，其最后旋转方向均应为旋进。

5.管水准器气泡偏离中心不得超过 1 格以上。

6.进行水平角观测时，应尽量照准目标的下部。

实验报告 6　方向观测法测量水平角

日期＿＿＿＿＿＿＿＿＿地点＿＿＿＿＿＿＿＿＿仪器编号＿＿＿＿＿＿＿＿＿

班级＿＿＿＿＿＿＿＿＿小组＿＿＿＿＿＿＿＿＿姓　名＿＿＿＿＿＿＿＿＿

表 6-1　方向观测法水平角观测记录手簿

测站	测回数	目标	盘左读数 L ° ′ ″	盘右读数 R ° ′ ″	$2C=L- (R\pm180°)$ ° ′ ″	方向值 = $1/2[L+ (R\pm180°)]$ ° ′ ″	归零 方向值 ° ′ ″	各测回平 均方向值 ° ′ ″	备注
O	1	A							
		B							
		C							
		D							
		A							
	2	A							
		B							
		C							
		D							
		A							
	3	A							
		B							
		C							
		D							
		A							

实验 7　竖直角测量及竖盘指标差检验

一、目的与要求

1. 掌握竖直角的测量方法。
2. 熟悉竖直角及竖盘指标差的记录和计算。

二、实验原理

如图 7-1 所示,经过对中整平的经纬仪提供一个处于铅垂位置的圆形度盘,通过调节竖盘指标水准管居中得到视线水平时竖盘指标指向的度盘读数,通过瞄准目标得到倾斜视线时竖盘指标指向的度盘读数,通过求两个读数之差测出竖直角的大小。

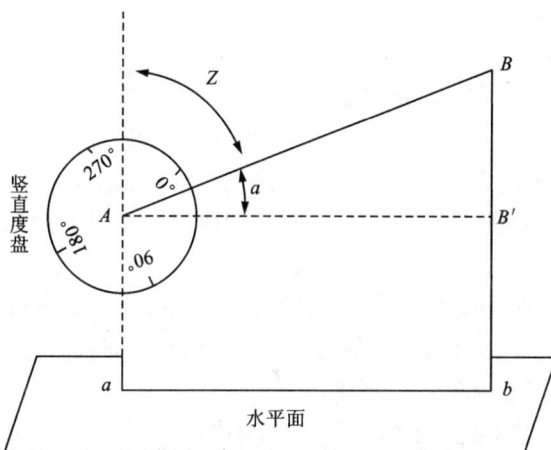

图 7-1　经纬仪竖直角测量原理示意图

三、组织和准备

1. 人员组织。3～6 人 1 组,1 人观测,1 人记录,1 人计算,轮流操作。
2. 仪器工具。经纬仪 1 套,记录板 1 块,自备计算器、铅笔、草稿纸。
3. 场地布置。各组在现场布置用于安置仪器的点及用于瞄准的目标。

四、方法及步骤

1. 在指定点上安置经纬仪,进行对中、整平。
2. 使望远镜视线水平,观测视线水平时盘左的竖盘读数 $L_{始}$ 和视线水平时盘右的竖盘读数 $R_{始}$(一般情况下 $L_{始}=90°$,$R_{始}=270°$)。
3. 确定竖直角和指标差的计算公式。将望远镜物镜端抬高,观察视准轴逐渐向上倾斜时,盘左位置竖盘读数是增加还是减少,以确定竖直角和指标差的计算公式并记录于表 7-1。

1）如盘左竖盘读数减少，则竖盘刻度为顺时针注记，其竖直角计算公式为：$\alpha_左 = L_始 - L_读$，$\alpha_右 = R_读 - R_始$（其中 $\alpha_左$、$\alpha_右$ 分别为盘左和盘右观测的竖直角，$L_读$、$R_读$ 分别为盘左和盘右瞄准目标时的竖盘读数）。一测回竖直角 α 和竖盘指标差 x 的计算公式为：

$$\alpha = \frac{1}{2}(\alpha_左 + \alpha_右) = \frac{1}{2}(R_读 - L_读 - 180°)$$

$$x = \frac{1}{2}(\alpha_左 - \alpha_右) = \frac{1}{2}\left[360° - (L_读 + R_读)\right]$$

2）如盘左竖盘读数增大，则竖盘刻度为逆时针注记，其竖直角计算公式为 $\alpha_左 = L_读 - L_始$，$\alpha_右 = R_始 - R_读$。一测回竖直角 α 和竖盘指标差 x 的计算公式为：

$$\alpha = \frac{1}{2}(\alpha_左 + \alpha_右) = \frac{1}{2}(L_读 - R_读 + 180°)$$

$$x = \frac{1}{2}(\alpha_左 - \alpha_右) = \frac{1}{2}\left[L_读 + R_读 - 360°\right]$$

3）计算竖盘指标差改正后的竖直角 $\hat{\alpha}$：

盘左位置 $\hat{\alpha}_左 = \alpha_左 - x$；

盘右位置 $\hat{\alpha}_右 = \alpha_右 + x$；

符号是"+"时为仰角，"−"时为俯角。

4. 测回法测定竖直角。

1）安置好经纬仪后，盘左位置用十字丝的中丝切准目标，转动竖盘指标水准管微动螺旋，使水准管气泡居中（符合气泡影像吻合）后，读取竖直度盘的读数 $L_读$ 并记入表 7-1。根据竖直角计算公式，计算出盘左时的竖直角 $\alpha_左$。

2）盘右位置照准目标，转动竖盘指标水准管微动螺旋使水准管气泡居中，读取竖直度盘读数 $R_读$ 并记入表 7-1。根据竖直角计算公式，计算出盘右时的竖直角 $\alpha_右$。

3）计算一测回竖直角值和竖盘指标差。

5. 每人至少对同一目标观测两个测回，或对不同目标各观测一个测回，竖盘指标差对于某一台仪器为一常数，本次实验要求同一组所测得指标差之差（指标差互差）不应大于 $20''$。

五、注意事项

1. 用光学经纬仪中丝读数前，应使竖盘指标水准管气泡居中。

2. 计算竖直角和竖盘指标差时，应特别注意正负号。

3. 观测时尽量用十字丝交点来照准目标，对同一目标要用十字丝横丝切准相同部位。

六、课后思考

1. 竖直角观测与水平角观测有哪些异同？

2. 每次读数前使竖直度盘指标水准管气泡居中的目的是什么？

3. 什么叫竖直角？用经纬仪瞄准同一竖直面内不同高度上的两个点，在竖盘上的读数差是否就是竖直角？

实验报告 7　竖直角测量及竖盘指标差检验

日期＿＿＿＿＿＿＿　地点＿＿＿＿＿＿＿　仪器编号＿＿＿＿＿＿＿
班级＿＿＿＿＿＿＿　小组＿＿＿＿＿＿＿　姓　名＿＿＿＿＿＿＿

表 7-1　竖直角观测记录手簿

测站	目标	竖盘位置 ° ′ ″	竖盘读数 ° ′ ″	半测回竖直角 ° ′ ″	两倍指标差 ″	一测回竖直角 ° ′ ″	各测回竖直角的平均值 ° ′ ″	垂直角计算公式
		左						
		右						
		左						$\alpha_左=$
		右						
		左						
		右						
		左						
		右						
		左						
		右						
		左						$\alpha_右=$
		右						
		左						
		右						
		左						
		右						
		左						
		右						
		左						
		右						

实验 8　直线定线与钢尺精密量距

一、目的与要求

1. 掌握钢尺精密量距及其成果计算。
2. 掌握利用经纬仪定线的方法。

二、实验原理

1. 直线定线是在地面两点之间距离较长或地面起伏较大，需要分段测量时，为了使得所量各线段在同一条直线上，需要将每一尺段收尾的花杆定在待测直线上所做的工作。

2. 钢尺量距时，由于钢尺长度有误差，并受量距时的环境影响，因此对一尺段的量距结果进行尺长改正、温度改正和倾斜改正，从而保证距离测量的精度。

三、组织和准备

1. 人员组织。5~8 人 1 组。其中前后尺手各 1 人，读数 2 人，定线 1 人，记录 1 人（或 1 人计算），轮换操作。

2. 仪器准备。经纬仪 1 台，水准仪 1 台，水准尺 2 根，检定的钢尺 1 把，弹簧秤 1 个，温度计 1 个，木桩 6 个，铁钉 6 个，锤子 1 把。自备铅笔、小刀、草稿纸。

3. 场地布置。在指定实习地点选定约 80 m 的 A，B 两点打下木桩，并在木柱正中央钉上铁钉。

四、方法及步骤

1. 直线定线

按下列步骤标定出比钢尺整尺长略短的各尺段。

1）将经纬仪安置于 A 点，瞄准 B 点，视线上依次定出比钢尺整尺长略短的 A-1，1-2，2-B 等各尺段（如图 8-1 所示）。

图 8-1　直线定向

2）在各尺段的端点打下木桩，桩顶高出地面 3~5 cm。利用 A 点的经纬仪进行定线，在各桩顶划一条线，使其与 AB 方向重合，另划一条线垂直于 AB 方向，形成十字，作为丈量的标志。

2. 钢尺量距

用检定过的钢尺丈量相邻两木桩之间的距离。丈量组一般由 5 人组成，2 人拉尺，2 人读数，1 人指挥兼记录和读温度。钢尺量距步骤如下：

1）拉伸钢尺置于相邻两木桩顶上，并使钢尺有刻划线一侧贴切十字线。后尺手将弹簧秤挂在尺的零端，以便施加钢尺检定时的标准拉力(30 m 钢尺，标准拉力为 10 kg)。

2)钢尺拉紧后，前尺手以尺上某—整分划对准十字线交点时，发出读数口令"预备"，后尺手回答"好"。在喊好的同一瞬间，两端的读尺员同时根据十字交点读取读数，估读到 0.5 mm，并记入手簿(表 8-1)。

3)每尺段要移动钢尺位置丈量三次，三次结果的较差不得超过 2 mm，否则要重量。如满足限差要求，则取三次测量的平均值作为该尺段的观测成果。

4)每尺段都要记录一次测量时刻的温度，温度估读到 0.5℃。

3. 测量桩顶高差

用水准测量方法往、返观测一次，求出各桩顶的高差。如相邻桩顶的往、返测高差之差小于±10 mm，则取其平均值作为该尺段的丈量结果。

4. 尺段长度的计算

按以下步骤计算长度的各项改正值。

1)计算每一尺段的尺长改正、温度改正及倾斜改正。

①尺长改正：$\Delta D_l = L \dfrac{\Delta t}{L_0}$。式中，$L_0$ 为钢尺钢尺的名义长度；Δt 为钢尺在检定温度时整尺长的改正数。

②温度改正：$\Delta D_t = L\alpha(t-t_0)$。式中，$t_0$ 为钢尺在检定时的温度；t 为丈量时的温度；α 为钢尺的膨胀系数。

③倾斜改正：$\Delta D_h = \dfrac{h^2}{2L}$，其中 h 为尺段两端间的高差。

2)计算各尺段的水平距离：$D = L + \Delta D_l + \Delta D_t + \Delta D_h$。

3)计算直线 AB 总长，平均长度及相对误差。

实验报告 8　直线定线与钢尺量距

日期＿＿＿＿＿＿＿地点＿＿＿＿＿＿＿仪器编号＿＿＿＿＿＿＿

班级＿＿＿＿＿＿＿小组＿＿＿＿＿＿＿姓　名＿＿＿＿＿＿＿

表 8-1　钢尺精密量距手簿

尺段	次数	后尺读数/m	前尺读数/m	尺段长度/m	温度改正/m	高差改正/m	尺长改正/m	改正后尺段长/m	备注
	平均								
	平均								
	平均								
	平均								
	平均								
	平均								
	平均								
	平均								

实验 9　视距测量和三角高程测量

一、目的与要求

1. 掌握视距测量方法。
2. 熟悉视距计算公式与计算方法。

二、实验原理

1. 当视线水平时，如图 9-1 所示，由相似三角形 $m'n'F$ 和 MNF 对应边成比例可得：$\dfrac{d}{f} = \dfrac{l}{p}$，即：$d = f\dfrac{l}{p}$；$A$ 至 B 的距离 $D = d + f + \delta$；联合以上三式可得，$D = \dfrac{fl}{p} + f + \delta$，令 $k = f$，$\dfrac{k = f}{p}$，$C = f + \delta$，得 $D = Kl + C$；其中 K 和 C 分别称作视距乘常数和视距加常数。仪器设计时已使 $K = 100$，$C \approx 0$。则视线水平时视距可简化为 $D = Kl = 100l$。而高差 $h = i - v$，其中 i 和 v 分别为仪器高和瞄准时十字丝中丝在水准尺上的读数。

2. 当视线倾斜时，如图 9-2 所示，假设将视距间隔 MN 转换成与视线垂直的视距间隔 $M'N'$，即可按原理 1 计算视距 D'（图 9-2 的斜距）。图中角很小，故可把角 $MM'E$ 和角 $NN'E$ 近似地视为直角，则有：$l' = M'N' = MN\cos\alpha = l\cos\alpha$，则 $D' = Kl\cos\alpha$。根据斜距与平距的关系得：$D = D'\cos\alpha = Kl\cos^2\alpha$，高差 $h = D\tan\alpha + i - v = \dfrac{1}{2}Kl\cos^2\alpha + i - v$。

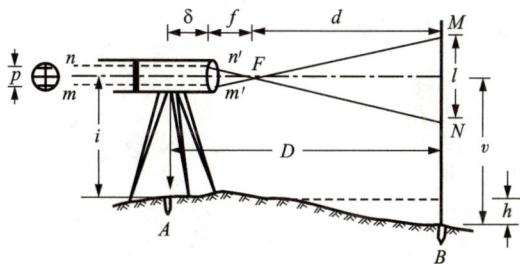

图 9-1　视线水平时的视距测量　　　　图 9-2　视线倾斜时的视距测量

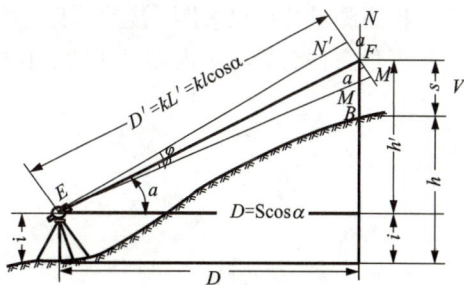

三、组织和准备

1. 人员组织。3~6 人 1 组，1 人观测，1 人记录，1 人立尺，1 人计算，轮流操作。
2. 仪器工具。经纬仪 1 台，脚架 1 个，水准尺 1 根，卷尺 1 把。
3. 场地布置。在指定实习地点做好用于架设经纬仪的测量标志点 A。

四、步骤及方法

1. 在 A 点上安置经纬仪(对中、整平)。

2. 用卷尺量取经纬仪高 i(从标志点顶端量至望远镜横轴中心),填入记录手簿(表9-1)。

3. 在待测点 B 上立水准尺。

4. 瞄准水准尺,调节竖盘微动螺旋,使竖盘指标水准管气泡居中,分别读取下丝读数 b、上丝读数 a、中丝读数 v 和竖盘读数 L,记入观测手簿(表9-1)。

5. 计算竖直角 $\alpha=90°-L$(以顺时针刻划度盘,盘左观测为例)以及上下丝读数差绝对值:$l=|a-b|$。

6. 计算测站点 A 和立尺点 B 之间的水平距离和高差:

$$D_{AB}=Kl\cos^2\alpha$$

$$h_{AB}=D_{AB}\tan\alpha+i-V$$

式中,$K=100$;并将计算结果写入"视距测量记录表"中(表9-1)。

7. 每个同学测量 3~5 段距离和高差(自己选定点后做标记)。

五、注意事项

1. 为减少大气垂直折光的影响,观测时应尽可能使视线离地面 1 m 以上。

2. 作业时,要将水准尺竖直,并尽量采用带有水准器的水准尺。

3. 对于初学者,为便于观测,选取的 A、B 两点相距不宜过远,60~70 m 为宜。

4. 要在成像稳定的情况下进行观测。

六、课后思考

1. 视距测量与钢尺量距、皮尺量距相比,其精度如何?有何优缺点?

2. 三角高程测量与水准测量相比,其精度如何?有何优缺点?

实验报告 9　视距及三角高程测量

日期＿＿＿＿＿＿＿＿地点＿＿＿＿＿＿＿＿＿仪器编号＿＿＿＿＿＿＿＿

班级＿＿＿＿＿＿＿＿小组＿＿＿＿＿＿＿＿姓　名＿＿＿＿＿＿＿＿

表 9-1　视距测量记录手簿

测站（高程）仪器高 i/m	照准点号	下丝读数 b 上丝读数 a 视距 l/m	中丝读数 v/m	竖盘读数 L/m	竖直角 α	水平距离 D/m	高差 h/m	高程 H/m

实验10　全站仪的认识和使用

一、目的与要求

1. 熟悉全站仪各主要按钮的名称、功能和作用。
2. 练习全站仪对中、整平、瞄准等基本操作。
3. 掌握全站仪的测角、测距及坐标测量等基本测量方法。
4. 了解全站仪的测站设置、定向等工作。

二、实验原理

全站仪是一种集光、机、电为一体的新型测量仪器,其测角原理与实验4的经纬仪原理相似,并将光学度盘换为光电扫描度盘,实现自动读数、自动记录和显示等功能。此外,全站仪还集成了光电测距功能,可在测量角度的同时精密测量倾距,并根据实验9的三角高程测量原理,将观测的斜距、竖直角和仪器高、棱镜高用于自动计算平距和高差。

三、组织及准备

1. 人员组织。3~6人1组,其中1人立棱镜,1人观测,1人纪录,轮流操作。
2. 仪器工具。全站仪1台,脚架1个,棱镜1个,对中杆1根,记录板1块,自备铅笔、小刀、草稿纸。
3. 场地布置。在指定实习场地内布置测量标志 A、B,用于安置仪器和定向。

四、方法和步骤

1. 全站仪的认识

1) 全站仪有许多型号,其外形、体积、重量、性能各不相同,本实验主要介绍全站仪的一些通用功能:角度测量、距离测量及坐标测量。

2) 由教师示范并讲解全站仪器各部分的名称、作用、操作方法及注意事项。

2. 安置仪器

1) 将全站仪安置于测站点 A,对中、整平后打开电源开关。

2) 转动仪器照准部及望远镜一周以初始化仪器。

3) 量取仪器高 i,记入观测手簿。

4) 角度测量:在 A 点附近找两个固定目标 C_1、C_2。通过以下步骤测出水平角 $\angle C_1AC_2$ 及 AC_1 和 AC_2 方向的竖直角。

①进入测角模式,盘左瞄准目标 C_1,按置零键,使水平度盘显示为 $0°00'00''$,读取竖盘的读数。

②顺时针旋转照准部,瞄准目标 C_2,读取水平和竖直度盘读数。

③纵转望远镜,盘右瞄准目标 C_2,读取水平和竖直度盘读数。

④逆时针旋转照准部，瞄准目标 C_1，读取水平和竖直度盘读数。

⑤计算水平角 $\angle C_1 A C_2$，以及 AC_1 和 AC_2 方向的竖直角，完成角度测量表的记录和计算（表 10-1）。

3. 距离测量

1) 进入测距模式，照准棱角中心，按测距键测量距离，记录显示的倾斜距离。

2) 记录仪器高和棱镜高，按表 10-2 所给的公式计算水平距离和高差，完成表 10-2 的记录和计算。

4. 坐标测量

1) 进入坐标测量模式。

2) 设站：输入仪器高，根据表 10-3 给定的 A 点坐标数据，完成设站操作。

3) 定向：瞄准 B 点方向，根据表 10-3 给定的 AB 边方位角 α_{AB}，完成定向。

4) 观测：将棱镜移至其他待观测点，瞄准棱镜中心，输入棱镜高，按坐标测量键进行坐标测量。

5) 小组其他成员依次用表 10-3 中的各行数据进行设站和定向，轮流完成坐标测量操作，并将坐标测量结果填入表 10-3 中。

五、注意事项

1. 全站仪属精密、贵重仪器，使用前应详细阅读使用说明，使用过程中严格按操作规程操作。

2. 全站仪在迁站时，即使很近，也应取下仪器并装箱后再搬走。

3. 在阳光下或阴雨天气进行作业时，应给仪器打伞遮阳、遮雨。

4. 在整个操作过程中，观测者不得离开仪器，以避免发生意外事故。

5. 仪器应保持干燥，遇雨后应将仪器擦干，放在通风处，完全凉干后再装箱。

6. 禁止用手触摸仪器物镜及棱镜镜面。

7. 操作前应认真听指导老师讲解，不明白操作方法与步骤者，不得操作仪器。

实验报告 10　全站仪的认识和使用

日期＿＿＿＿＿＿＿　地点＿＿＿＿＿＿＿　仪器编号＿＿＿＿＿＿＿

班级＿＿＿＿＿＿＿　小组＿＿＿＿＿＿＿　姓　名＿＿＿＿＿＿＿

表 10-1　角度测量记录手簿

测站	盘位	测点	水平度盘读数	水平角	竖直度盘读数	方向	竖直角 α
A	左	C_1				AC_1	
		C_2					
	右	C_1				AC_2	
		C_2					
A	左	C_1				AC_1	
		C_2					
	右	C_1				AC_2	
		C_2					

表 10-2　距离测量记录手簿

边名	仪器高 i/m	棱镜高 V/m	观测斜距 S/m	计算平距/m $D=S\cos\alpha$	计算高差/m $h=S\sin\alpha+i-V$
AC_1					
AC_2					
AC_1					
AC_2					
AC_1					
AC_2					
AC_1					
AC_2					

表 10-3　坐标测量记录手簿

测站点 A 的平面坐标		仪器高 i/m	后视方位角 ° ′ ″	棱镜高 V/m	待测点坐标		
X/m	Y/m				X/m	Y/m	H/m
200.034	700.624		01°42′13″				
506.928	325.124		45°06′52″				
724.258	345.275		62°28′17″				
949.867	354.672		95°12′46″				

实验 11　GNSS 接收机的认识和使用

一、目的和要求

1. 熟悉普通测量型 GNSS 接收机各部件的名称、功能和作用。
2. 学会使用 GNSS 接收机进行野外观测。

二、实验原理

GNSS 定位实质上为距离交会计算待定点坐标。如图 11-1 所示，GNSS 定位通过地面接收机同时观测三颗以上的 GNSS 卫星，计算出接收机到卫星的距离 d，由于已知卫星坐标(x_i, y_i, z_i)，$i=1$，2，3，4，通过后方交会的原理，计算出地面接收机的位置(x, y, z)。用数学公式表示如下：

$$\begin{cases} d_1^2 = (x_1-x)^2 + (y_1-y)^2 + (z_1-z)^2 \\ d_2^2 = (x_2-x)^2 + (y_2-y)^2 + (z_2-z)^2 \\ d_3^2 = (x_3-x)^2 + (y_3-y)^2 + (z_3-z)^2 \\ d_4^2 = (x_4-x)^2 + (y_4-y)^2 + (z_4-z)^2 \end{cases}$$

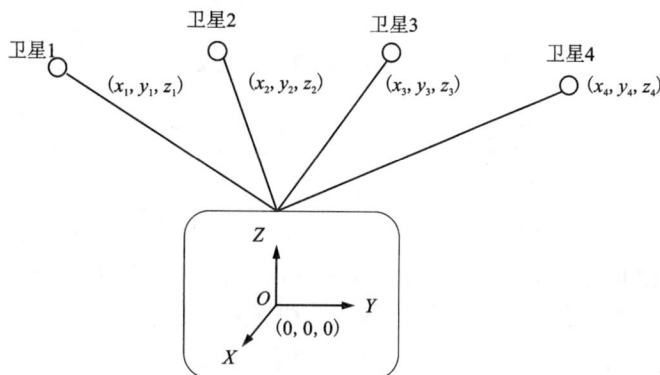

图 11-1　GNSS 定位原理示意图

三、组织与准备

1. 人员组织。4 人 1 组，轮流操作。
2. 仪器准备。GNSS 接收机 1 台，对讲机 1 台，钢卷尺 1 把，自备钟表、纸笔。
3. 场地布置。指定场地。

四、方法和步骤

1. GNSS 接收机的认识，由于不同的 GNSS 接收机型号的外形有区别，操作方法也不尽相同，故此部分由指导老师根据实习所用接收机类型详细讲解，主要包括 GNSS 接收机的各个部件，如显示灯、按钮、接口等。

2. 安置 GNSS 接收机。将三脚架张开，架头大致水平，高度适中，使脚架稳定（踩紧）。然后用连接螺旋将 GNSS 接受机连同基座固定在三脚架上，对 GNSS 接收机进行对中整平。

3. 量取天线高。在每时段观测前、后各量取天线高一次，精确至毫米。采用倾斜测量方法，从脚架互成 120°的三个空挡测量接收机相位中心所在平面与地面点中心的距离（如图 11-2），互差小于 3 mm，取平均值。并记录于手簿（表 11-1）。

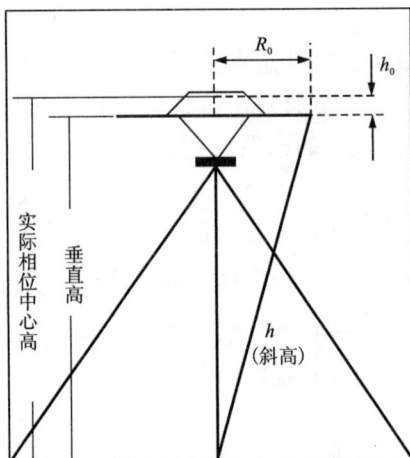

图 11-2　天线高量取示意图

4. 数据采集前的设置。设置数据采集的卫星截止高度角，数据采样间隔（有些接收机需要在作业前通过连接 PC 机，利用配套软件进行设置）。

5. 开机观测。根据作业计划，在规定的时间内开机。在 GNSS 接收机接收卫星信号过程中注意观察接收机数据记录指示灯、电源指示灯情况，同时做好每一个测站记录，包括：①天线高；②观测时段，即开、关机时间；③接收机序列号；④地面点号；⑤天线类型；⑥天线高量取方式；⑦接收机类型等内容填入观测记录表（表 11-1）。

6. 关机。根据作业计划，在规定的时间内关机。关机前按顺序做好以下工作：

1）检查对中整平、卫星状况，再次量取天线高。

2）按电源键关机。

3）再拆天线、机座，装箱。

7. 数据处理。将各小组数据下载到电脑上，组成同步基线进行解算，最后进行基线网平差。

五、注意事项

1. 进行 GNSS 数据采集前，一定要对中整平，圆气泡必须严格居中。

2. 必须严格按照操作手册进行接线和操作，以保证能够获得符合要求的观测数据。

3.不应在电压低的情况下(电源指示灯为红色)长时间工作,否则数据质量会受到影响。

4.搬运主机时,要十分小心。开箱前轻轻放好箱子,让仪器箱的盖子朝上,打开箱子的锁栓。

5.不用时 GNSS 接收机应存放在干燥、安全的地方,避免受潮及碰撞。

6.在作业过程中不能随意开关电源。

7.不得在接收机附近(5 m 以内)使用手机、对讲机等通信工具,以免干扰卫星信号。

六、课后思考

1.为何要求 GNSS 接收机应安置在高度角大于 15°的地方?高度角设置过低,对观测结果会产生什么影响?

2.在作业过程中为什么不能随意开关电源?

实验报告 11　GNSS 接收机的认识和使用

日期＿＿＿＿＿＿＿地点＿＿＿＿＿＿＿＿＿仪器编号＿＿＿＿＿＿＿＿＿
班级＿＿＿＿＿＿＿＿小组＿＿＿＿＿＿＿＿姓　名＿＿＿＿＿＿＿＿＿

表 11-1　GNSS 静态观测记录手簿

观测者姓名：	日　期：	年	月	日
测 站 名：	测站号：	时段号：		
天气状况：				

测站近似坐标：	测站点名：
经度(E)：	新点：
纬度(N)：	旧点：
高程 H/m：	旧点点名：

记录时间：北京时间　　　　UTC　　　　区时
开机时间　　　　　　结束时间

接收机号　　　　　天线号
天线高(测前)/m
1.　　　　　　2.　　　　　3.　　　　平均值：
天线高(测后)/m
1.　　　　　　2.　　　　　3.　　　　平均值：

天线高量取方式略图	测站略图及障碍物情况

备注：

第 3 章

测量综合技能训练

实验 12　闭合导线测量

一、目的与要求

1. 了解导线的概念、布设以及施测的基本方法。
2. 掌握导线测量的内业计算方法及步骤。

二、实验原理

　　将控制点连成如图 12-1 所示的闭合导线，观测闭合导线的内角和边长。根据多边形内角和计算角度闭合差，检核观测的角度值；通过坐标增量闭合差计算导线全长相对闭合差，检核观测的导线边长，对满足限差要求的角度和边长进行误差分配；再根据坐标正算的原理，由已知起算坐标推算待求导线点的平面坐标。

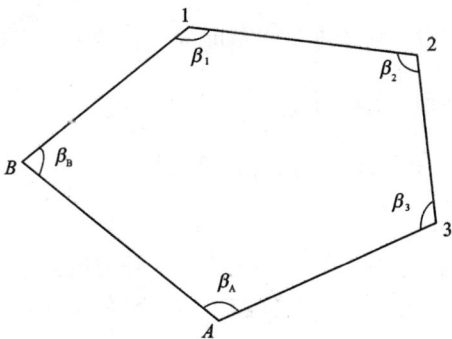

图 12-1　闭合导线选点略图

三、组织和准备

1. 人员组织。4~6 人 1 组，如选经纬仪和钢尺做导线测量，则测角时 1 人观测，1 人记录，两人持前、后视花杆；测边时 1 人持前尺，1 人持后尺，1 人记录。（如选全站仪和棱镜进行导线测量，则 1 人观测，1 人记录，两人分别司前、后视）。

2. 仪器工具。经纬仪 1 台，钢尺 1 把，花杆 2 根，记录板 1 块，（或全站仪及脚架 1 套，棱镜及对中杆、对中架 2 套，记录板 1 块）。

3. 场地布置。在指定实习场地，选定 4~6 个导线点组成闭合导线，如图 12-1 所示。

四、实验方法步骤

1. 导线测量的外业施测

1）布点：根据选点注意事项，在测区内选定 4~6 个导线点组成闭合导线，在各导线点打下木桩，钉上小钉或用油漆、刻石等方法标定点位，绘出导线略图。

2）测距：用钢尺往、返丈量各导线边的边长（读至 mm），若相对误差小于 1/3000，则取其平均值。如用全站仪观测，则用全站仪十字丝瞄准棱镜中心，观测 2~3 次，记录水平距离读数。

3）测角：采用经纬仪（或全站仪）测回法观测闭合导线各转折角（内角），每角观测一个测回，若上、下半测回差不超过 ±40″，取平均值作为角度值（表 12-1）。

2. 导线测量的内业计算

1）检查核对所有已知数据和外业观测的水平角、水平距离等数据资料。

2）计算和调整水平角的角度闭合差

①角度闭合差 $f_\beta = \sum\limits_{i=1}^{n} \beta_i - (n-2) \times 180°$，$n$ 为闭合导线内角个数。

②角度闭合差限差：$f_{\beta容} = \pm 40″\sqrt{n}$。

③若 $|f_\beta| \leqslant |f_{\beta容}|$，则角度闭合差满足要求，否则角度闭合差超限，需要分析可能出错的水平角并进行返工重测。

④如角度闭合差满足要求，则计算每个角度的改正数 $v_\beta = \dfrac{-f_\beta}{n}$。

⑤计算改正之后的水平角：$\hat{\beta}_i = \beta_i + v_\beta$。

⑥检核 $\sum\limits_{i=1}^{n} \hat{\beta}_i = (n-2) \times 180°$ 成立，则计算无误。

3）推算各导线边方位角

①若各导线点顺时针编号，则各转折角为右角，各边的方位角可由其后一条边的方位角和转折角推算 $\alpha_前 = \alpha_后 - \beta_右 + 180°$；若逆时针编号时，则有 $\alpha_前 = \alpha_后 + \beta_左 - 180°$。

②由起始边 α_{AB} 算起，应再算回 α_{AB}，并校核无误（若 α_{AB} 未知，则假设 $\alpha_{AB} = 0°00'00''$，再进行计算）。

4）计算坐标增量：$\Delta X_{ij} = D_{ij} \cdot \cos\alpha_{ij}$；$\Delta Y_{ij} = D_{ij} \cdot \sin\alpha_{ij}$。

5）坐标增量闭合差的计算和调整

①计算纵坐标增量闭合差：$f_X = \sum \Delta X_{ij}$，横坐标增量闭合差：$f_Y = \sum \Delta Y_{ij}$。

②计算导线全长绝对闭合差：$f_S = \pm \sqrt{(f_X)^2 + (f_Y)^2}$。

③计算导线全长相对闭合差：$K = \dfrac{f_S}{\sum D_{ij}} = \dfrac{1}{\left[\dfrac{\sum D_{ij}}{f_S}\right]}$，[ ]表示取整。

④若$|K| \leqslant \dfrac{1}{2000}$，则导线全长相对闭合差满足限差要求，否则导线全长相对闭合差超限，需要分析可能出错的边长并进行返工重测。

⑤若导线全长相对闭合差满足限差要求，则计算各导线边的纵横坐标增量改正数：$v_{Xij} = \dfrac{-f_X \cdot D_{ij}}{\sum D_{ij}}$，$v_{Yij} = \dfrac{-f_Y \cdot D_{ij}}{\sum D_{ij}}$。

⑥计算改正后各边的坐标增量：$\Delta \hat{X}_{ij} = \Delta X_{ij} + v_{Xij}$，$\Delta \hat{Y}_{ij} = \Delta Y_{ij} + v_{Yij}$。

⑦检核，若$\sum \Delta \hat{X}_{ij} = \sum \Delta \hat{Y}_{ij} = 0$，则计算无误。

6)计算各导线点坐标：由已知点算起（如无已知点，则假定 A 点坐标 $X_A = 5000.000$ m，$Y_A = 2000.000$ m），$X_B = X_A + \Delta \hat{X}_{AB}$，$Y_B = Y_A + \Delta \hat{Y}_{AB}$，…，依次计算出 1 至 3 点的坐标，再算回 A 点。如果与 A 点的已知坐标相等，则计算无误（表 12-2）。

五、注意事项

1.相邻导线点之间应互相通视，边长以 60~80 m 为宜；若边长较短，测角时应特别注意提高对中和瞄准的精度。

2.测边长时，如果用钢尺量距，需要先进行直线定线。

3.如果使用全站仪观测，在迁站时，即使很近，也应取下仪器装箱再搬运。

4.在阳光下或阴雨天气进行作业时，应给仪器打伞遮阳、遮雨。

5.在整个操作过程中，观测者不得离开仪器，以避免发生意外事故。

6.在测站检核合格的情况下，再迁站；在闭合差合格情况下再进行坐标计算。

六、课后思考

1.利用 excel 制作闭合导线自动平差计算坐标的表格。

实验报告 12　闭合导线测量

日期＿＿＿＿＿＿＿＿＿　地点＿＿＿＿＿＿＿＿＿　仪器编号＿＿＿＿＿＿＿＿＿

班级＿＿＿＿＿＿＿＿＿　小组＿＿＿＿＿＿　姓　名＿＿＿＿＿＿＿＿＿

表 12-1　导线测量记录手簿

测站	竖盘	目标	水平度盘读数 ° ′ ″	半测回角值 ° ′ ″	一测回角值 ° ′ ″	水平距离 D/m	边名
A	左	B					A-3
		3					
	右	B					A-3
		3					
B	左	1					B-A
		A					
	右	1					B-A
		A					
1	左	2					1-B
		B					
	右	2					1-B
		B					
2	左	3					2-1
		1					
	右	3					2-1
		1					
3	左	A					3-2
		2					
	右	A					3-2
		2					

表 12-2 导线点坐标计算表

点号	角度观测 ° ′ ″	改正数 ″	改正后角度 ° ′ ″	方位角 ° ′ ″	水平距离 /m	坐标增量 $\triangle X$/m	坐标增量 $\triangle Y$/m	改正后坐标增量 $\triangle X$/m	改正后坐标增量 $\triangle Y$/m	坐标 X/m	坐标 Y/m	点号
A												A
B												B
1												1
2												2
3												3
A												A
Σ												

辅助计算	导线略图：

实验 13　四等水准测量

一、目的与要求

1. 学会用双面水准尺进行四等水准测量的观测、记录和计算。
2. 熟悉四等水准测量的主要技术指标,掌握测站和水准路线的检核方法。
3. 掌握四等水准测量的内业计算。

二、实验原理

水准测量原理同实验 2,但通过红黑面读数检核、红黑面高差检核、前后视距差检核和前后视距累积差检核等更严苛的检核条件,提高水准测量的精度。通过特定的观测顺序、偶数站等观测方法削弱系统误差的影响。

三、组织和准备

1. 人员组织。4~6 人 1 组,2 人扶尺,1 人观测,1 人记录,1 人计算与检核,轮流操作。
2. 仪器准备。水准仪 1 台,水准仪脚架 1 个,双面水准尺 1 对,尺垫 1 对,记录板 1 块,自备计算器、铅笔、小刀、计算用纸。
3. 场地布置。同实验 12。

四、方法与步骤

1. 选择实验 12 的导线点作为水准点或在指定场地另外选定一条闭合水准路线,沿线标定水准点的地面标志。
2. 在起点与第一个转点的中间安置仪器,按以下顺序观测。

1)后视黑面尺,读取下、上丝读数,记入四等水准测量记录手簿(表 13-1)的(1)、(2)栏;精平(如仪器为自动安平水准仪,则不需要精平),读取中丝读数,填入记录表的(3)栏。

2)前视黑面尺,读取下、上丝读数;精平(如需),读取中丝读数;分别记入记录表(4)、(5)、(6)顺序栏中。

3)前视红面尺,精平(如需),读取中丝读数。记入记录表(7)顺序栏中。

4)后视红面尺,精平(如需),读取中丝读数。记入记录表(8)顺序栏中。这种观测顺序简称"后—前—前—后",也可采用"后—后—前—前"的观测顺序。

3. 要随测随记,正确填写观测记录,及时进行以下各项测站检核。

1)后视距:$(9) = 100 \times [(1)-(2)]$。前视距:$(10) = 100 \times [(4)-(5)]$。

2)前后视距差:$(11) = (9)-(10)$。要求(11)的绝对值不超过 5 m,如超过则重新调整仪器或前视尺的位置。

3)前后视距累计差$(12) =$ 上站$(12) +$ 本站(11),要求(12)的绝对值不超过 10 m,如超过则调整仪器或前视尺的位置。

4)红黑面读数差的检核:$(13) = (6)+K-(7)$;$(14) = (3)+K-(8)$。K 为水准尺红面零点

参数，等于 4.687 m 或 4.787 m，要求 (13) 和 (14) 的绝对值均不超过 3 mm；超限则该测站重测。

5) 黑面尺所测高差：(15) = (3) − (6)。红面尺所测高差：(16) = (8) − (7)。红黑面高差之差：(17) = (15) ± 0.100 − (16)。要求 (17) 的绝对值不超过 5 mm，满足要求则再计算该测站高差：(18) = 0.5 × [(15) + (16) ± 0.100]，当 (16) 比 (15) 大 0.1 左右时取 "−" 号，反之则取 "+" 号。

4. 每站应完成各项检核计算，全部合格之后方可迁站，用同样的步骤和方法施测其他各测站。记录满一页时，按以下步骤进行计算检核，检查以下等式是否成立。

1) $\sum (9) - \sum (10) = $ 本页末站 (12) − 前页末站 (12)。

2) 本页总视距 $= \sum (9) + \sum (10)$。

3) $\sum (3) - \sum (6) = \sum (15)$；$\sum (8) - \sum (7) = \sum (16)$。

4) 对于偶数测站：$\sum (15) + \sum (16) = 2 \sum (18)$。

5) 对于奇数测站：$\sum (15) + \sum (16) ± 0.100 = 2 \sum (18)$。

5. 全路线施测完毕后计算 (表 13 − 2)。

1) 路线总长 (即各站前、后视距之和)。

2) 各站前、后视距差之和 (应与最后一站累积视距差相等)。

3) 各站后视读数和、各站前视读数和、各站高差中数 (18) 之和。

4) 路线闭合差要求 $\leqslant 20\sqrt{L}$ 或 $6\sqrt{n}$ (其中 L 为水准路线总长，以 km 为单位，n 为水准线路总测站数)。

5) 用近似平差求各待定点的高程。

五、注意事项

1. 四等水准测量要求比普通水准测量更严格，体现在前后视距检核、视距累计差检核、读数检核、高差检核、每页计算检核以及水准路线闭合差限差要求方面。

2. 从后视转为前视 (或相反)，望远镜不能重新调焦。

3. 水准尺应完全竖直，最好用附有圆水准器的水准尺。

4. 记录者要认真负责，当听到观测值所报读数后，要回报给观测者，经默许后，方可记入记录表中。如果发现有超限现象，立即告诉观测者进行重测。

5. 每站观测结束，应立即进行计算和检核，若有超限，则应重测该站。全线路观测完毕，线路高差闭合差在容许范围以内，方可收测，开始水准测量的内业计算。

实验报告 13　四等水准测量

日期＿＿＿＿＿＿＿　地点＿＿＿＿＿＿＿　仪器编号＿＿＿＿＿＿＿＿

班级＿＿＿＿＿＿＿　小组＿＿＿＿＿＿＿　姓　名＿＿＿＿＿＿＿＿

表 13-1　四等水准测量记录手簿

测站编号	点号	后尺 下丝 / 上丝	前尺 下丝 / 上丝	方向及尺号	标尺读数/m 黑面	标尺读数/m 红面	黑+K -红/mm	高差中数/m	备注
		后视距/m	前视距/m						
		视距差 d/m	$\sum d/m$						
		(1)	(4)	后	(3)	(8)	(14)		
		(2)	(5)	前	(6)	(7)	(13)	(18)	
		(9)	(10)	后-前	(15)	(16)	(17)		
		(11)	(12)						
				后					
				前					
				后-前					
				后					
				前					
				后-前					
									K 为水准尺常数
				后					
				前					
				后-前					
				后					
				前					
				后-前					
				后					
				前					
				后-前					

检核计算	$\sum(9) - \sum(10) =$	$\sum(3) - \sum(6) =$	$\sum(8) - \sum(7) =$
	$\sum(9) + \sum(10) =$	$\sum(15) =$	$\sum(16) =$
	$\sum(15) + \sum(16) =$	$2\sum(18) =$	

表 13-2　水准测量成果计算表

点　号	距离/km	观测高差/m		高差改正数/m	改正高差	高程/m	备　注
		+	-				
Σ							

辅助计算	高差闭合差：$f_h = \sum h_i =$ 容许差：$f_{h容} = 20\sqrt{L} =$ 每站改正数：$v = -\dfrac{f_h}{\sum L_i} =$ 每测段改正数：$v_i = v \times L_i$ 每测段改正后高差：$\hat{h}_i = h_i + v_i$ 各水准点高程：由 $H_i = H_{BM(i-1)} + \hat{h}_i$ 求得各点高程	水准路线略图

实验 14　经纬仪碎部测量

一、目的和要求

1. 掌握外业地形测量的碎部点选择要领。
2. 熟悉经纬仪视距法碎部测图的工作内容及步骤。

二、实验原理

实质上是方向距离交会测量各碎部点并根据实际情况绘制地形图。

1. 根据视距测量原理计算测站点到碎部点之间的水平距离。
2. 根据水平距离和水平角,用极坐标法绘出碎部点。
3. 根据三角测量原理计算测站点到碎部点之间的高差,测站点高程加高差得到碎部点高程,根据测图需要注记于图上,或用于勾绘等高线。

三、组织和准备

1. 人员组织。每组 5~6 人,其中 1 人立尺,1 人观测,1 人记录,1 人计算,1 人绘图,轮流操作。
2. 仪器准备。经纬仪 1 台,经纬仪脚架 1 个,水准尺 1 根,花杆 1 根,记录板 1 块,绘图板 1 块,量角器 1 个,直尺 1 把,铅笔和图纸自备,展有测区控制点的测图纸。
3. 场地布置。在指定地点安置经纬仪,在碎部点上立水准尺。

四、方法及步骤

1. 在展绘于测图纸上的控制点中选择点 A 用于设站,量取仪器高 i 并填入记录表格(表 14-1)。
2. 先取另一控制点 B 作为后视定向点,置水平度盘读数为 $0°00'00''$。
3. 立尺队员依次将水准尺立在地物和地貌特征点上,如建筑物拐角点、道路和河流交叉点或弯曲点、山脊或山谷的变坡点、独立地物中心点等。
4. 观测队员转动照准部瞄准水准尺,读上丝、下丝、中丝读数和竖盘读数及水平度盘读数。
5. 记录队员将以上观测值依次填入记录表格。对有特殊作用的碎部点(如房角、山头、鞍部等)在备注中说明。
6. 根据记录的各碎部点观测数据计算各碎部点到测站点的水平距离和高差。
7. 用细针将量角器的圆心精确插在测站点,转动量角器,将量角器上等于水平角值的刻划线对准起始方向线,此时量角器的零方向便是碎部点方向;然后根据测图比例尺计算碎部点到测站点的图上距离,在该方向上定出碎部点位置,并根据测图需要在点的右侧注明其高程。
8. 完成一测站后,重新选取测站点和后视点,并照准起始方向,检查水平度盘读数是否有变动(归零)。

五、注意事项

1. 观测时水准尺必须立直,要求远、近、高、低都测量一定的碎部点。
2. 计算高差时要注意高差的符号。
3. 读取竖盘读数时,必须使竖盘指标水准管居中。

六、课后思考

按图 14-1 给出的地形点及地形线位置(实线为山脊线,虚线为山谷线),使用内插法绘等高线。要求等高距为 1 m(50 m、55 m、60 m 的等高线应加粗)。

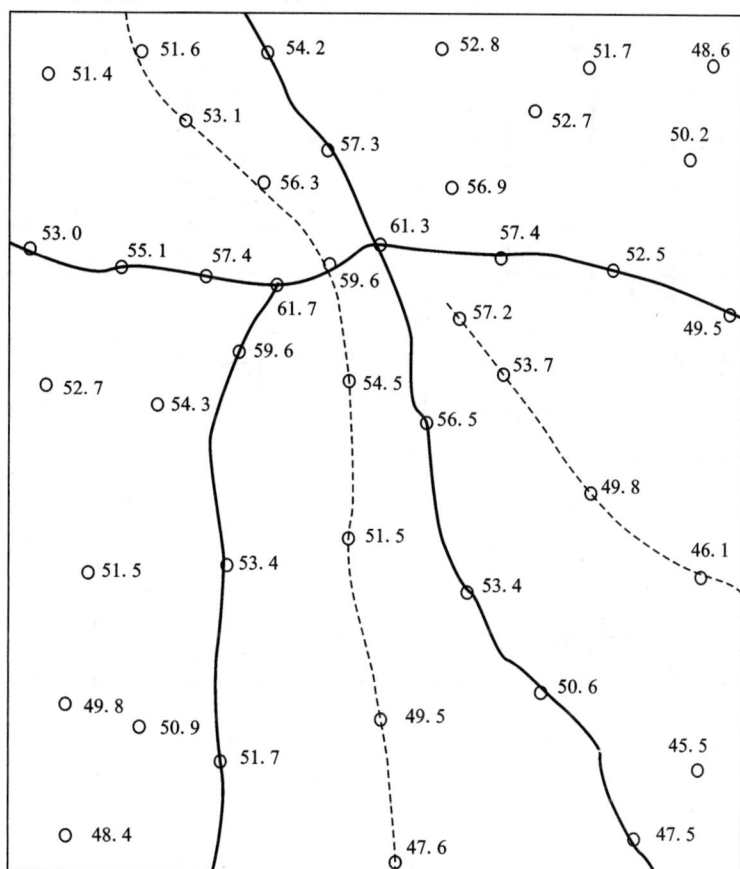

图 14-1

实验报告 14　经纬仪碎部测量

日期＿＿＿＿＿＿＿＿＿地点＿＿＿＿＿＿＿＿＿仪器编号＿＿＿＿＿＿＿＿＿

班级＿＿＿＿＿＿＿＿＿小组＿＿＿＿＿＿＿＿＿姓　名＿＿＿＿＿＿＿＿＿

表 14-1　经纬仪碎部测量记录手簿

测站点：＿＿＿＿后视点：＿＿＿＿仪器高 i：＿＿＿＿测站高程：＿＿＿＿后视方向水平盘读数：＿＿＿＿

碎部点编号	上丝读数 a/m	中丝读数 v/m	下丝读数 b/m	水平直读数 ° ′ ″	坚直读数 ° ′ ″	坚直角 α ° ′ ″	水平角 β ° ′ ″	视距间隔 L/m	水平距离 D/m	高差 h/m	高程 H/m	备注

实验 15　GNSS 静态控制测量

一、目的与要求

1. 了解采用 GNSS 定位技术建立工程控制网的过程。
2. 巩固和加深 GNSS 接收机的使用方法和外业观测记录要求。
3. 合理分配时段并掌握星历预报对观测时段的要求。
4. 掌握 GNSS 数据处理的方法和流程，能独立完成基线解算及 GNSS 控制网平差。

二、实验原理

1. 根据后方交会的原理测定 GNSS 接收机的坐标（同实验 11）。
2. 对观测相同卫星的不同接收机信号之间求差分，减少卫星钟差等与卫星相关的公共误差的影响；对相同接收机接收的不同卫星信号之间求差分，减少接收机钟差等与接收机相关的公共误差的影响。
3. 对差分观测信号进行处理，以估计出不同接收机之间的相对位置（GNSS 基线），再利用 GNSS 基线组成测量平面控制网。

三、组织和准备

1. 人员组织。3~6 人一组，每组观测 3 个测站，每个测站 1~2 人。
2. 仪器准备。每组准备数据传输线 1 根，仪器工具 3 套（每套含充好电的 GNSS 接收机 1 台、基座 1 个、三脚架 1 个、钢卷尺 1 个）。
3. 场地布置。在实验场地布置已知至少 2 个坐标的控制点（或有假定坐标及假定方位角的定向边）。

四、方法和步骤

1. 布设 GNSS 控制网

根据测区实际需要和交通状况、作业时的卫星分布状况、预期达到精度及成果的可靠性原则布设控制网。

1）以边联式形式，布设由若干个同步环组成的 GNSS 平面控制网。

2）GNSS 平面控制网中不要求控制点之间通视，但考虑到常规测量或加密控制点的使用，每个点应有一个以上的通视方向。

3）控制点的选择应符合技术设计要求，并有利于其他测量手段进行扩展和联测。

4）控制点周围应视野开阔，距离大功率无线电发射源 200 m 以上，尽可能远离高压输电线和大面积水域，与被测卫星的地平高度角大于 15°。

2. 制定观测计划

根据实际作业的进展情况，及时调整观测计划和调度命令，填写表 15-1。

3. 静态外业观测

严格遵守调度命令，按规定时间同步观测同一组卫星。当未按计划到达点位时，应及时通知其他控制点上的观测人员，对时段做必要调整。

1）观测过程中不能进行以下操作：关闭或重启接收机、改变接收设备预置参数，改变天线位置、删除文件等。

2）观测过程中不能在天线附近使用无线电通信，必须使用时应距离接收机天线 10 m 以上；雷雨过境时应关机停测，并卸下天线以防雷击。

3）做好外业观测记录，包括测站点点名、观测时段号及其起止时间、接收机编号、天线高（精确至 0.001 m）等记录，并填入表 15-2。

4. 数据传输与备份

先正确连接 GNSS 接收机和计算机，及时将当天观测记录传输至计算机并做好备份。

5. 基线解算

利用后处理软件对观测数据进行基线解算，求解两个同步观测的测站之间的基线向量坐标差，具体流程如下。

1）建立项目，设定控制网等级、精度要求和坐标系统。

2）录入设站属性，包括天线类型、天线高等信息。

3）设置基线解算参数，包括选择对流层延迟、电离层延迟的改正模型、卫星高度角等。

4）合理选择基线观测信号，通过选择参考卫星、开窗选择时段和卫星信号、改变卫星高度角等方法提高用于基线解算观测值的质量。

5）检核基线解算质量直至所有用于网平差的基线均满足限差要求。

6. 控制网平差

根据已知数据和基线解算结果，通过网平差获取各个 GNSS 控制点的坐标，具体流程如下。

1）根据已知点坐标信息和实际需要，设置 GNSS 控制网平差的投影基准。

2）进行 WGS-84 坐标系下的自由网三维平差，根据平差结果对基线网进行进一步优化。

3）把已知点坐标和方位角信息代入控制网中，进行整网二维约束平差。

4）生成网平差报告。

五、注意事项

1. GNSS 控制网平差的已知数据由指导教师统一提供。

2. 在作业前应做好准备工作，GNSS 接收机的电池、备用电池均应充足电。

3. 外业记录必须在现场完成、字迹清楚，不得涂改、转抄，严禁事后补记或追记，并按控制网装订成册，交内业人员验收。

4. 外业观测数据及时录入电脑并做好备份，外业记录手簿及时装订成册以防丢失。

实验报告 15　GNSS 静态控制测量

日期＿＿＿＿＿＿＿＿　地点＿＿＿＿＿＿＿＿　仪器编号＿＿＿＿＿＿＿＿＿

班级＿＿＿＿＿＿＿＿　小组＿＿＿＿＿＿＿＿　姓　名＿＿＿＿＿＿＿＿＿

表 15-1　GNSS 外业观测作业调度表

时段编号	开始时间	结束时间	测站名/号 接收机号	测站名/号 接收机号	测站名/号 接收机号

表 15-2　GNSS 测站记录手簿

观测者姓名：　　　　日　　期：　　年　　　　月　　　　日

测　站　名：　　　　测站号：　　　　时段号：

天气状况：

测站近似坐标： 经度(E)： 纬度(N)： 高程/m：	测站点名： 新点： 旧点： 旧点点名：

记录时间：北京时间　　　　UTC　　　　区时

开机时间　　　　　　　结束时间

接收机号　　　　　　　天线号

天线高(测前)：/m

1.　　　　　　　2.　　　　　　　3.　　　　　　平均值：

天线高(测后)：/m

1.　　　　　　　2.　　　　　　　3.　　　　　　平均值：

天线高量取方式略图	测站略图及障碍物情况

备注：

实验16　全站仪大比例尺数字测图

一、目的与要求

1. 掌握全站仪大比例尺数字测图外业测量方法。
2. 学习数字绘图软件的使用。
3. 熟悉大比例尺数字地形图的内业成图步骤和方法。

二、实验原理

1. 根据坐标正算原理测量碎部点平面坐标，根据三角高程测量原理测量碎部点高程，全站仪记录并存储碎部点的编号和三维坐标。

2. 在观测的同时绘图员在草图上记录下碎部点编号以及不同编号碎部点代表的地物或地貌。

3. 在成图软件中根据坐标展绘碎部点并显示其编号，绘图员根据草图记录和比例尺要求用相应的地图符号将碎部点表示成与实地相符的地貌或地物。

三、组织和准备

1. 人员组织。3~6人一组，1人观测，1人立尺，1人绘草图，轮流进行。

2. 仪器准备。全站仪1台(充好电)，全站仪脚架1个，卷尺1把，棱镜及对中杆1套，计算机1台，铅笔、草稿纸若干。

3. 场地布置。在实验场地布置至少2个已知坐标的控制点(或有假定坐标及假定方位角的定向边)。

四、方法及步骤

1. 外业观测(表16-1)

1) 安置仪器：在控制点上安置全站仪，检查中心连接螺旋是否拧紧，对中、整平、量取仪器高、开机。

2) 创建工作文件：在全站仪菜单中，选择已有工作文件或创建新的工作文件用来保存测量数据。

3) 设站和定向：输入测站点号、测站点坐标、仪器高，进行设站设置；瞄准用于定向的控制点，输入后视点号及坐标(或方位角)、棱镜高，进行定向设置。

4) 检核：如有其他与设站点互相通视的控制点，将棱镜放到该控制点上，观测并检核其坐标测量值与已知值是否相符，如不符或差值超限，则检查设站和定向是否正确。

5) 碎部点测量：精确瞄准竖立在碎部点上的棱镜，输入所测碎部点编号、编码等参数，测量出碎部点的坐标并保存于工作文件，依次观测其他碎部点。

6) 完成该测站后，再次瞄准后视点，检核定向方位角是否有变化。

2. 内业成图

1）上传碎部点坐标，将全站仪工作文件记录的碎部点信息传输到绘图用的计算机，转成绘图软件支持的文件格式。

2）展点和绘图：在绘图软件的绘图区展绘碎部点并显示其编号，结合野外绘制的草图绘制地貌和地物，在人机交互方式下进行绘图处理、图形编辑、修改、整饰。

3）对测区地形图进行标准分幅，最后形成数字地图的图形文件。

五、注意事项

1. 控制点数据由指导教师统一提供。

2. 在作业前应做好准备工作，全站仪的电池、备用电池均应充足电。

3. 外业数据采集时，记录及草图绘制应清晰、信息齐全。不仅要记录观测值及测站有关数据，同时还要记录点号、连接点和连接线等信息，以方便绘图。草图的碎部点号要与全站仪记录的点号一一对应。

4. 数据处理前，要熟悉所采用软件的工作环境及基本操作要求。

六、课后思考

1. 全站仪野外数据采集的步骤有哪些？

2. 外业测量时如何进行定向？

3. 内业绘图中常用的地形图图式有哪些？

实验报告16　全站仪大比例尺数字测图

日期＿＿＿＿＿＿＿＿地点＿＿＿＿＿＿＿＿＿仪器编号＿＿＿＿＿＿＿＿＿

班级＿＿＿＿＿＿＿小组＿＿＿＿＿＿＿＿　姓　名＿＿＿＿＿＿＿＿

表16-1　外业草图

观测者：＿＿＿＿＿＿日期：＿＿＿＿＿＿测站点：＿＿＿＿＿＿定向点：＿＿＿＿＿＿＿＿＿＿＿＿

实验 17　基于坐标的点位放样

一、目的与要求

1. 了解极坐标放样的原理和计算方法。
2. 选择一种放样工具，练习极坐标放样的基本操作。

二、实验原理

1. 根据坐标反算原理(图 17-1)，由待放样点 P 的坐标 (X_p, Y_p) 和设站控制点 A 的坐标 (X_A, Y_A) 计算 AP 边的水平距离 D_{AP} 及方位角 α_{AP}。
2. 由已知 AB 边的方位角 α_{AB} 和 AP 边方位角 α_{AP}，计算 AB 边和 AP 边的夹角 β。
3. 根据夹角 β 和水平距离 D_{AP}，用极坐标法确定出 P 点的位置，完成点位放样。

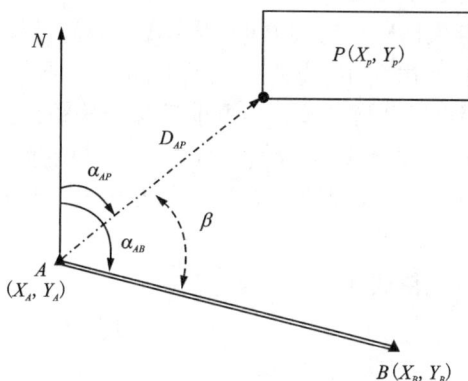

图 17-1　全站仪放样原理示意图

三、组织和准备

1. 人员组织。4~6 人一组，1 人观测，1 人立尺，1 人指挥，1 人计算与校核；轮流操作。
2. 仪器准备。根据实验条件和老师安排，选择以下两组实验设备中的一组。
1) 经纬仪 1 台，经纬仪脚架 1 个，钢卷尺 1 把，花杆 1 根。
2) 全站仪 1 台(充好电)，全站仪脚架 1 个，卷尺 1 把，棱镜及对中杆 1 套。
3. 场地布置。选择平坦开阔的实验场地，并在场地的中央布置距离 50 m 左右的 2 个控制点 A、B。

四、方法及步骤

1. 如果实验设备选择经纬仪和钢卷尺，则按以下步骤进行放样

1) 利用坐标反算方法，计算表 17-1 中 AB 边和 AP 边的夹角 β 和 AP 边的水平距离 D_{AP}。

2）安置仪器。在控制点 A 上安置经纬仪，并检查中心连接螺旋是否拧紧，对中、整平是否满足要求。

3）定向。盘左方向瞄准用于定向的控制点 B，变换度盘变换手轮使得水平度盘读数为 $0°00'00''$。

4）如 β 为正，则逆时针方向转动照准部，直至水平度盘读数等于 $360°-\beta$；如 β 为负，则顺时针转动照准部，直至水平度盘读数等于 β，则视准轴方向即为 AP 方向。

5）在视准轴方向上插上花杆，用钢尺量取水平距离 D_{AP}，从而完成 P 点的放样。

6）重复以上步骤，完成表 17-1 的所有待放样点的测设。

2. 如果实验设备选择全站仪，则按以下步骤进行放样

1）安置仪器。在控制点 A 上安置全站仪，检查中心连接螺旋是否拧紧，对中、整平、量取仪器高、开机。

2）设站。根据实验报告表格中给定的控制点 $A(X_A, Y_A)$ 输入测站点的坐标并完成设站设置。

3）定向。瞄准用于定向的控制点 B，根据实验报告表格（表 17-2）中给定的后视方位角，输入定向方位角 α_{AB} 并完成定向设置。

4）放样。输入实验报告表格中给定的 P 的坐标 (X_p, Y_p)，仪器自动算出夹角 β 和水平距离 D_{AP}；水平转动仪器直至 AB 边和 AP 边的夹角等于 β（仪器显示 $\Delta\beta=0$），则待放样点 P 位于仪器视准轴方向上，指挥立尺队员在该方向上前后移动棱镜，直至测站点到棱镜的水平距离等于 D_{AP}（仪器显示 $\Delta D=0$），在棱镜位置做好待放样点 P 的标记。

5）检核。将棱镜立于做好的标记点上，观测坐标并填入实验报告表格，计算其与设计坐标的偏差并检核是否超限。

6）采用同样方法完成其他待放样点的测设。

五、注意事项

不同工程对点位放样的精度要求不同。如果对点位精度要求较高，则还需对测设的点作归化改正。

六、课后思考

A、B 是已知的平面控制点，其坐标与方位角分别为：$(X_A = 1000.000, Y_A = 1000.000)$，$\alpha_{AB} = 125°48'32''$。$P$ 是放样点，其设计坐标为 $(X_p = 1033.640, Y_p = 1028.760)$。请计算 AP 边的水平距离 D_{AP} 及方位角 α_{AP}，并简述 P 点放样的过程。

实验报告 17　基于坐标的点位放样

日期＿＿＿＿＿＿＿＿　地点＿＿＿＿＿＿＿＿　仪器编号＿＿＿＿＿＿＿＿＿＿

班级＿＿＿＿＿＿＿＿　小组＿＿＿＿＿＿＿＿　姓　名＿＿＿＿＿＿＿＿＿

表 17-1　经纬仪和钢卷尺放样数据

测站点 A 的平面坐标		后视方位角	放样(设计坐标)		极坐标角度和平距	
Y_A/m	Y_A/m	° ′ ″	X_P/m	Y_P/m	$\beta=\alpha_{AB}-\alpha_{AP}$ ° ′ ″	D_{AP}/m
			220.342	751.875		
			235.653	718.210		
200.034	700.624	01°42′13″	243.324	755.572		
			210.642	756.017		
			282.153	758.297		
			268.865	778.830		

表 17-2　全站仪放样数据

测站点 A 的平面坐标		后视方位角	放样(设计坐标)		检核(观测坐标)	
Y_A/m	Y_A/m	° ′ ″	X_P/m	x_A/m	Y_A/m	D_{AP}/m
			530.826	356.910		
			526.273	361.280		
506.928	325.124	45°06′52″	518.484	413.135		
			589.981	336.815		
			538.358	414.353		
			710.178	356.807		
			791.016	333.756		
724.258	345.275	62°28′17″	753.701	428.825		
			716.523	367.091		
			765.038	438.933		
			901.383	367.069		
			974.787	438.330		
949.867	354.672	95°12′46″	901.173	357.713		
			972.395	433.971		
			957.696	356.018		

实验 18　偏角法测设圆曲线

一、目的与要求

1. 熟悉圆曲线主点元素及详细测设数据的计算。
2. 掌握圆曲线主点及主要里程桩的详细测设方法。
3. 按规范要求完成单一圆曲线的测设。

二、实验原理

圆曲线的偏角 α 和半径 R 通常由地形条件及工程要求选定。本实验根据已知的 α、R 和图 18-1 所示的几何条件，计算主点测设元素（切线长 T、曲线长 L 和外矢距 E）和详细测设数据；再根据圆曲线要素将主点（ZY、QZ、YZ）测设于地面上，用偏角法测设曲线上每隔一定距离的里程桩，并标定出曲线的实际位置。

三、组织和准备

1. 人员组织：每组 4~6 人，其中操作仪器 1 人，记录 1 人，计算 1 人，扶观测标志 1 人，在地面进行标记 1 人；轮流作业。

2. 实验工具：经纬仪（或全站仪）1 台，钢尺 1 把，脚架 1 个，记录板 1 块，木桩 3 根以上，铁钉若干，自备计算器、铅笔和计算用纸。

3. 场地布置：选择宽阔平坦的实验场地，在实地标出线路的走向及交点（如图 18-1 的 JD_{i-1} 至 JD_i 方向、JD_i 至 JD_{i+1} 方向以及交点 JD_i）。

四、内容及步骤

1. 计算圆曲线要素

根据场地布置的线路走向测定表 18-1 的圆曲线偏角 α，和指导老师给定的圆曲线半径 R，按以下公式计算圆曲线的切线长 T、曲线长 L 和外矢距 E，填入表 18-2。

切线长：$T = R \tan \dfrac{\alpha}{2}$。曲线长：$L = R \cdot \alpha \dfrac{\pi}{180°}$。

外矢距：$E = R \cdot \left(\sec \dfrac{\alpha}{2} - 1 \right)$。切曲差：$g = 2T - L$。

2. 测设圆曲线主点

1）测设 ZY 点和 YZ 点：在 JD_i 处安置经纬仪，分别瞄准相邻方向上的相邻交点或转点（如图 18-1 中的 JD_{i-1} 和 JD_{i+1}），从 JD_i 开始沿视线方向量取切线长 T，即可测设出 ZY 点和 YZ 点。

2）测设 QZ 点：仪器安置在 JD_i 点，后视 JD_{i-1} 或 JD_{i+1} 点，测设水平角（$\dfrac{180°-\alpha}{2}$）。此时

视线方向为线路前进夹角的分角线方向，沿此方向以 JD_i 为起点量取外矢距 E，测设出 QZ 点。

3. 计算主点里程桩号

由于交点桩 JD_i 的里程已知，则圆曲线其余各主点(直圆点 ZY、圆直点 YZ、曲中点 QZ)的里程桩号按下式计算：

$$\begin{cases} ZY_{桩号} = JD_{桩号} - T \\ QZ_{桩号} = ZY_{桩号} + \dfrac{L}{2} \\ YZ_{桩号} = QZ_{桩号} + \dfrac{L}{2} \end{cases}$$

并用公式 $YZ_{桩号} = JD_{桩号} + T - q$ 检核计算是否正确(表 18-2)。

4. 偏角法测设圆曲线详细测设(表 18-4)

为便于施工，在曲线上按照一定的桩距 l_0 测设一个曲线桩的工作称为线路详细测设。

1)计算第一个整桩 P_1 与曲线起点 ZY 点之间的弧长(首端弧长)l' 以及圆曲线中最后一个整桩 P_n 与曲线起点 YZ 点之间的弧长(末端弧长)l''，显然有 $l' \leqslant l_0$，$l'' \leqslant l_0$。

2)根据各段弧长所对的圆心角：$\phi' = \dfrac{l'}{R} \cdot \dfrac{180}{\pi}$，$\phi'' = \dfrac{l''}{R} \cdot \dfrac{180}{\pi}$，$\phi_0 = \dfrac{l_0}{R} \cdot \dfrac{180}{\pi}$；并检核 $\phi' + (n-1)\phi_0 + \phi'' = \alpha$ 是否成立(n 为整桩个数)。

3)计算相邻桩之间的弦长：$c' = 2R\sin\left(\dfrac{\varphi'}{2}\right)$，$c'' = 2R\sin\left(\dfrac{\varphi''}{2}\right)$，$c_0 = 2R\sin\left(\dfrac{\varphi_0}{2}\right)$。

4)计算圆曲线起点 ZY 至第 i 个点 P_i 的弧长为 $l_i = l' + (i-1)l_0$，对应的圆心角为 $\phi_i = \phi' + (i-1)\phi_0 = \dfrac{l_i}{R} \cdot \dfrac{180}{\pi}$，对应的弦切角 γ_i 等于同弧的圆心角的一半，所以 ZY 点至 P_i 点的偏角为 $\gamma_i = \dfrac{\phi_i}{2}$，$ZY$ 至 P_i 的弦长 $c_i = 2R\sin\gamma_i$。

5)在曲线的起点 ZY 安置仪器，照准交点桩 JD_i，旋转偏角 γ_i 定出 P_i 点所在方向，从 ZY 点开始，沿该方向量取弦长 c_i，或者量取相邻桩点间的弦长，测设出点 P_i，直至测设到 QZ 点。

6)同样在曲线的终点 YZ 安置仪器，向 QZ 放样曲线的另一半。曲线不长时，也可以在直圆点测设全部的曲线。

5. 测设点检核

丈量点位的切向偏差和径向偏差，填入表 18-3。其中切向偏差应小于 $\pm 1/2000$，径向偏差应小于 ± 0.1 m，否则应进行检查和调整。

五、注意事项

1.圆曲线主点测设元素和偏角法测设数据的计算应由两个人独立计算，校核无误后方可进行测设。

2.注意十进制的弧度与六十进制的角度之间的换算。

3.曲线详细测设时如果分成两部分来做，则应注意放样角度的方向。

4. 本次实验所占场地较大，仪器工具较多，应及时收拾，防止丢失。

5. 小组成员应密切配合，保证实验顺利完成。

六、课后思考

1. 偏角法测设圆曲线细部时，若视线方向有障碍物不能通视，该如何处理？

2. 当圆曲线主要点和线路交点 JD_i 上无法安置仪器，该如何进行后续的测设？

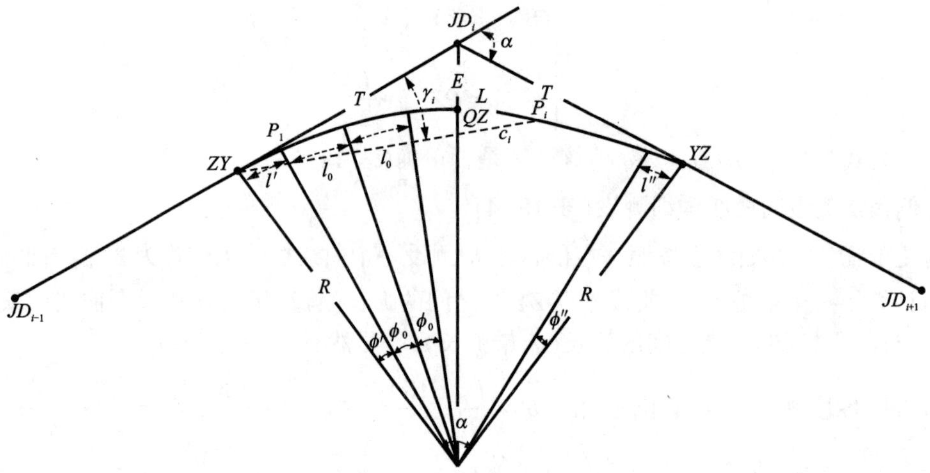

图 18-1　圆曲线及其测设元素

实验报告 18　偏角法测设圆曲线

日期＿＿＿＿＿＿＿＿　地点＿＿＿＿＿＿＿＿　仪器编号＿＿＿＿＿＿＿＿

班级＿＿＿＿＿＿＿＿　小组＿＿＿＿＿＿＿　姓　名＿＿＿＿＿＿＿＿

表 18-1　测定线路转向角记录表

测站	测点	竖盘位置	水平度盘读数 ° ′ ″	半测回角值 ° ′ ″	一测回角值 ° ′ ″
		左			
		右			

表 18-2　圆曲线主点元素的计算表

曲线元素计算	曲线半径 R/m		转折角		交点里程桩号	
	切线长 T/m		曲线长 L		外矢距 E		切曲差 q
圆曲线主点的里程号计算	曲线起点 ZY		曲线中点 QZ		曲线终点 YZ	

表 18-3　横向偏差与纵向偏差检核的记录

	丈量值/m	允许值/m
径向偏差		
切向偏差		

表 18-4　偏角法测设圆曲线数据计算表

桩号	至切线方向的偏角 。′″	至 ZY/YZ 点之间		相邻桩之间	
		弧长/m	弦长 L/m	弧长 Z/m	弦长/m

实验 19　带缓和曲线的圆曲线测设

一、目的与要求

1. 掌握带缓和曲线的圆曲线测设要素和主点里程桩号的计算方法。
2. 掌握缓和曲线主点的测设方法。
3. 掌握用切线支距法和偏角法进行带缓和曲线的圆曲线详细测设方法。

二、实验原理

1. 根据线路设计的转向角 α、圆曲线半径 R、缓和曲线长度 l_0 等参数以及图 19-1 所示的带缓和曲线的圆曲线几何关系，计算带有缓和曲线的圆曲线主点要素，根据主点要素在实地测设曲线主点。

2. 建立如图 19-2 所示的缓和曲线直角坐标系，根据曲线的几何关系，计算各桩点的坐标，用切线支距法对缓和曲线进行详细测设。

3. 根据图 19-1 所示的带缓和曲线的圆曲线几何关系，计算各桩点的偏角；用偏角法对缓和曲线进行详细测设。

三、组织与准备

1. 人员组织。每组 4~6 人，操作仪器 1 人，记录 1 人，计算 1 人，扶立观测标志 1 人，地面进行标记 1 人。

2. 实验工具。经纬仪 1 台，钢尺 1 把，脚架 1 个，记录板 1 块，木桩 3 根以上，铁钉若干，自备计算器、铅笔及计算用纸。

3. 场地布置。选择平坦开阔的场地开展实验，在场地上标注线路的中线走向及交点（如图 19-1 中的 JD_{i-1} 至 JD_i 和 JD_i 至 JD_{i+1} 方向以及交点 JD_i）。

四、内容及步骤

1. 根据线路走向测定线路转向角 α，并填入表 19-1。
2. 计算曲线主点元素（切线长 T、曲线长 L、外矢距和切曲差 q）：

$$
\begin{cases}
T = m + (R+p) \cdot \tan\dfrac{\alpha}{2} \\[2mm]
L = R \cdot (\alpha - 2\beta_0)\dfrac{\pi}{180°} + 2l_0 \\[2mm]
E = (R-p)\sec\dfrac{\alpha}{2} - R \\[2mm]
q = 2T - L
\end{cases}
\text{，其中缓和曲线参数}
\begin{cases}
\beta_0 = \dfrac{l_0}{2R} \cdot \dfrac{180°}{\pi} \\[2mm]
m = \dfrac{l_0}{2} - \dfrac{l_0^3}{240R^2} \\[2mm]
p = \dfrac{l_0^2}{24R}
\end{cases}
$$

式中，α 为线路的转向角，R 为圆曲线半径，l_0 为缓和曲线长度，m 为加设缓和曲线后使切线增长的距离，p 为加设缓和曲线后圆曲线相对于切线的内移量，β_0 为 HY 点或 YH 点的缓和曲线角度(表 19-1)。

3. 计算曲线主点里程(直缓点 ZH、缓圆点 HY、曲中点 QZ、圆缓点 YH 和缓直点 HZ)：

$$\begin{cases} ZH_{里程}=JD_{里程}-T \\ HY_{里程}=ZH_{里程}+l_0 \\ QZ_{里程}=ZH_{里程}+L/2 \\ HZ_{里程}=QZ_{里程}+L/2 \\ YH_{里程}=HZ_{里程}-l_0 \end{cases}$$

上述计算之后，用公式 $HZ_{里程}=JD_{里程}+T-q$ 进行检核。

4. 曲线主点测设。

1)将仪器安置在 JD_i 上，分别瞄准 JD_{i-1} 和 JD_{i+1} 方向，自 JD_i 点开始向 JD_{i-1} 和 JD_{i+1} 方向量取切线长，在实地测设出 ZH 点和 HZ 点。

2)仪器安置在 JD_i 点不动，测设角度($\frac{180°-\alpha}{2}$)，得到 ZH 和 HZ 方向夹角的角平分线方向，沿此方向自 JD_i 点开始量取外矢距 E，得到 QZ 点。

3)ZH 和 HZ 点等到详细测设时再测设。

5. 切线支距法详细测设带缓和曲线的圆曲线。

1)建立带缓和曲线的圆曲线直角坐标系(如图 19-2 所示)。

2)计算缓和曲线上 i 号桩点在该直角坐标系中的坐标值：

$$\begin{cases} X_i=l_i-\dfrac{l_i^5}{40R^2l_0^2} \\ Y_i=\dfrac{l_i^3}{6Rl_0}-\dfrac{l_i^7}{336R^3l_0^3} \end{cases}$$

式中，l_i 为 ZH 点至第个桩点的缓和曲线里程。

3)计算圆曲线上 j 号桩点在该直角坐标系中的坐标值：

$$\begin{cases} X_j=m+R\sin\phi_j \\ Y_j=p+R-R\cos\phi_j \end{cases}$$

式中，$\phi_j=\beta_0+\dfrac{l_j}{R}\cdot\dfrac{180°}{\pi}$，$l_j$ 为圆曲线上第 j 个桩点至 HY 点的曲线长。

4)计算圆曲线上 QZ 点在该直角坐标系中的坐标值：

$$\begin{cases} X_{QZ}=m+R\sin(\alpha/2) \\ Y_{QZ}=p+R-R\cos(\alpha/2) \end{cases}$$

5)切线支距法详细测设曲线。在 ZH 点安置仪器，照准 JD_i，得到通过 ZH 点的切线方向，沿此方向分别放样距离，得到各过渡点，再在过渡点上安置仪器，照准 JD_i，水平旋转 90°测设出与 ZH-JD_i 垂直的方向，并沿该方向量取距离 Y_i，即测设出曲线上 i 号桩点。

6)重复上一步骤，直至完成带缓和曲线的圆曲线的测设(包括 HY 和 YH 点)。

6. 偏角法详细测设带缓和曲线的圆曲线(表 19-3)

1)计算缓和曲线上 i 号桩点的偏角，$\delta_i=\dfrac{l_i^2}{l_0^2}\delta_0$，式中，$l_i$ 为第 i 号桩点至 HY 或 YH 点的曲

线长, $\delta_0 = \dfrac{l_0}{6R}$ 为缓和曲线的总偏角值。

2)计算圆曲线上第 j 号桩点的偏角。当在 YH 或 YH 点测设圆曲线时, 偏角值的计算与单一圆曲线相同, 按实验 18 介绍的方法计算第 j 号桩点的偏角。

3)偏角法详细测设曲线。①缓和曲线的测设:在 ZH 点架设仪器, 照准 JD_i 点, 配置水平度盘的读数为 $0°00'00''$, 拨偏角 δ_i, 得到第 i 号桩点的方向, 从第 $i-1$ 号桩点量取两点间的弧线长(里程差), 使其与方向线相交, 测设出 i 号桩点位置。②圆曲线的测设:在 HY 点安置仪器, 后视 ZH, 拨角 $b_0 = \beta_0 - \delta_0$, 找到切线方向, 再参照实验 18 圆曲线偏角法测设的过程进行测设(图 19-3)。

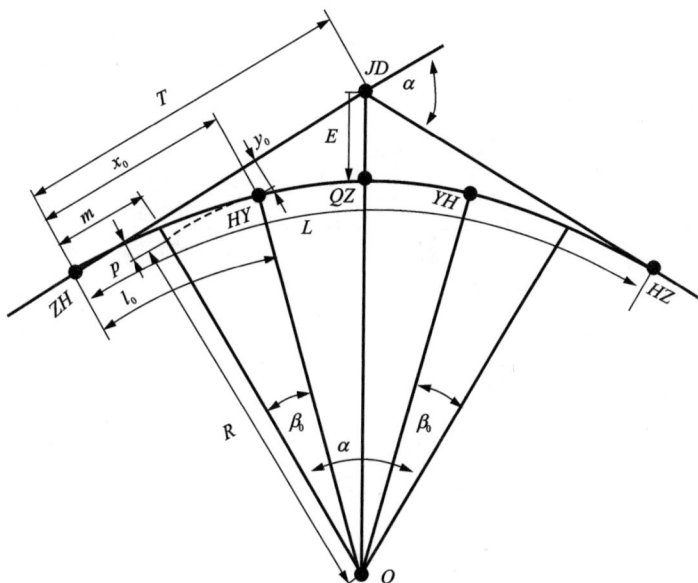

图 19-1　缓和曲线的圆曲线示意图

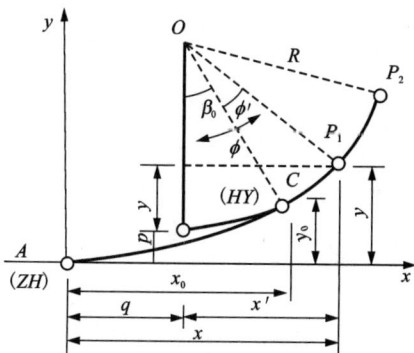

图 19-2　切线支距法曲线测设

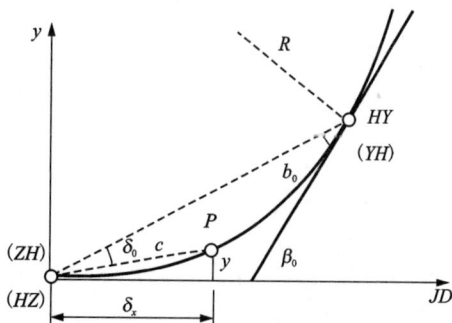

图 19-3　偏角法曲线测设

7. 数据检核

检核测设的各桩点,其纵向偏差应小于±1/2000,横向偏差应小于±0.1 m,否则应进行检查和调整(表 19-4)。

五、注意事项

1. 所有测设数据的计算应该以两人各自独立计算后再核对的方式进行,以防止起始数据出错。

2. 计算时应注意十进制的弧与六十进制的角之间的换算。

3. 曲线详细测设时分成两部分来做,即在 ZH 点放样 ZH 至 HY 之间的曲线,在 HZ 放样 HZ 至 YH 之间的曲线,在实际操作中,注意拨角的方向。

实验报告 19　带缓和曲线的圆曲线测设

日期＿＿＿＿＿＿地点＿＿＿＿＿＿仪器编号＿＿＿＿＿＿＿

班级＿＿＿＿＿＿小组＿＿＿＿＿＿姓　名＿＿＿＿＿＿＿

表 19-1　测定线路转向角记录表

测站	测点	竖盘位置	水平度盘读数 ° ′ ″	半测回角值 ° ′ ″	一测回角值 ° ′ ″
		左			
		右			

表 19-2　缓和曲线主点要素计算表

已知参数			计算参数		
圆曲线半径 R/m				切线长 T/m	
转向角 α				曲线长 L/m	
缓和曲线长 l_0/m				外矢距 E/m	
交点里程				切曲差 q/m	
整桩间距					

表 19-3　偏角法测设圆曲线数据计算表

桩号	各桩至 ZY/YZ 的弧长/m	偏角法		切线支距法	
		偏角 γ ° ′ ″	曲线长 L/m	x/m	y/m

续表19-3

桩号	各桩至 ZY/YZ 的弧长/m	偏角法		切线支距法	
		偏角 γ 。 ′ ″	曲线长 L/m	x/m	y/m

表 19-4　横向偏差与纵向偏差检核的记录

	丈量值/m	允许值/m
横向偏差		
纵向偏差		

实验 20　线路纵、横断面测绘

一、目的与要求

1. 掌握线路纵断面和横断面测量的施测和计算方法。
2. 掌握线路的纵断面和横断面图的绘制方法。

二、实验原理

1. 测量出线路中线上各桩点的高程，根据各桩点的里程和高程，按一定的比例尺绘制到横坐标为里程、纵坐标为高程的坐标系中，得到线路的纵断面，反映线路中线的地面高低起伏变化，用于线路纵坡设计等。

2. 测量垂直于线路中线方向、位于线路整桩和加桩处的线路两侧地形起伏情况。按一定的比例尺绘制到横坐标为距离、纵坐标为高程的坐标系中，得到线路的横断面。用于线路的路基设计、土石方量计算以及施工边桩放样等。

三、组织和准备

1. 人员组织。每组 4~6 人，观测 1 人，立尺 2 人，记录 1 人，计算 1 人，轮流操作。
2. 仪器工具。水准仪 1 台，脚架 1 个，水准尺 2 根，皮尺 1 个，木桩若干，自备计算器、铅笔及计算用纸。
3. 场地布置。在有高低起伏的场地选定一段长度 200 m 左右的线路，打下起点桩 0+000，每隔 20 m 布设中线桩并注记桩号，在地面坡度有较大变化处钉设加桩。

四、内容及步骤

1. 线路纵断面的测量

1) 基平测量：在线路沿线起点和终点附近各设置固定水准点 BM1 和 BM2 作为该线路的高程控制点。设 BM1 点高程为 $H_1 = 50.000$ m。按四等水准路线进行往返基平测量，若往返测较差小于 $\pm 20\sqrt{L}$（L 为水准路线长，单位为公里）毫米，则将往返测高差取平均值，求出 BM2 点的高程（表 20-1）。

2) 中平测量：以相邻两水准点 BM1 和 BM2 为一测段，从 BM1 点出发，逐点测量各中桩的高程，再附合到 BM2 点上进行校核。实际测量时可采用中间点法（图 20-1）观测。具体步骤为：

①水准仪置于第 1 测站，后视水准点 BM1，前视转点 TP1，将观测结果分别记入表 20-2 中"后视"和"前视"栏内；然后观测 BM1 与 TP1 之间的各个中桩，将后视点 BM1 上的水准尺依次立于 0+000、0+020 等各中桩桩面上，并将读数依次记入表中视栏内。

②仪器搬至第 2 测站，后视转点 TP1，前视转点 TP2，然后观测各中桩桩面点上的水准标尺读数。

③继续向前观测，直至附合到水准点 BM2，如果高差闭合差满足限差要求（高速和一级

公路$\pm30\sqrt{L}(\mathrm{mm})$，二级以下公路$\pm50\sqrt{L}(\mathrm{mm})$），则完成一测段的观测工作。

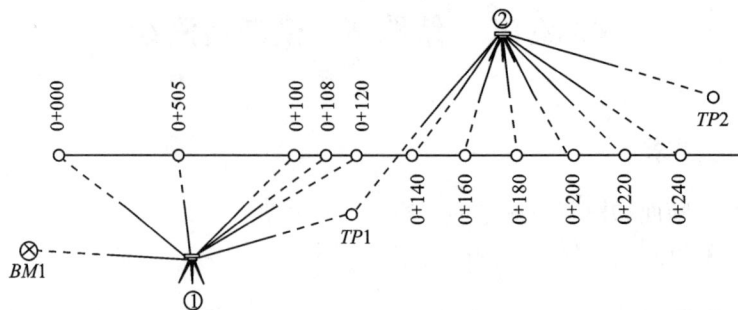

图 20-1 "中间点法"纵断面水准测量

2. 线路纵断面图的绘制

1）在毫米方格纸上以横坐标表示线路里程，纵坐标则表示高程。确定比例尺（里程比例尺有 1∶5000、1∶2000 和 1∶1000 几种，通常比高程比例尺小 10 倍或 20 倍）。

2）在纵断面图的上半部按比例尺计算各中桩的纵横坐标，并展绘在纵断面图上，绘制原有地面线和道路设计线；在纵断面图下半部分填写有关测量及道路设计的数据。

3. 线路横断面的测量

在中线各整桩和加桩处，确定出横断面的方向（垂直于线路中线的方向），用花杆皮尺法、水准仪皮尺法、经纬仪视距法或全站仪观测等方法，测出线路两侧的地形变化点至道路中桩地面的平距和高差（表 20-3）。

4. 线路横断面图的绘制

1）在毫米方格纸上，用横坐标表示平距，纵坐标表示高差，距离和高差采用相同比例尺，通常统一设为 1∶100 或 1∶200。

2）对于某中桩所对应的横断面图，先标定该中桩位置，再根据该横断面各变坡点与中桩的相对平距和高差，逐一将各边坡点展绘在图上，并连接相邻点绘出该中桩所对应的横断面图地面线。

五、注意事项

1. 中平测量时，由于转点起传递高程的作用，必须选在稳固可靠的地方。

2. 中线桩高程在室内无法检查，操作必须认真，防止出错。

3. 不能将不同中桩的横断面图绘制在一起，应分开绘制。

实验报告 20 线路纵、横断面测绘

日期＿＿＿＿＿＿＿＿地点＿＿＿＿＿＿＿＿仪器编号＿＿＿＿＿＿＿＿＿

班级＿＿＿＿＿＿＿小组＿＿＿＿＿＿＿姓　名＿＿＿＿＿＿＿＿

表 20-1 基平测量观测记录表

测站	测点	后视/m	前视/m	高差/m	上丝/m	下丝/m	视距/m
	后						
	前						
	后						
	前						
	后						
	前						
	后						
	前						
	后						
	前						
	后						
	前						
	后						
	前						
计算检核	Σ						

起、终点间的高差：

已知起点的高程：

计算得终点的高程：

表 20-2　中平测量记录表

测点	水准尺读数/m			视线高程 /m	高程 /m	备注
	后视	中视	前视			
检核						

纵断面图的绘制：

表 20-3　横断面测量记录表

左　　侧	桩号	右　　侧

横断面图的绘制：

实验 21　建筑物轴线定位及高程测设

一、目的与要求

1. 学会根据设计图纸测设建筑物主要轴线的平面位置。
2. 掌握建筑施工过程中高程的测设方法。
3. 每人至少完成图 21-1 中一根建筑物轴线位置和两个轴线交点设计高程的测设。

二、实验原理

1. 根据设计图纸中建筑物轴线间的相对位置关系和标注尺寸，计算建筑物主要轴线交点的坐标；再利用建筑物轴线交点坐标和已知控制点数据，根据实验 17 的坐标点位放样原理，测设出建筑物轴线。

2. 根据建筑物轴线与已知基线的平行或垂直位置关系，用经纬仪定出轴线方向，再根据设计图纸标注的轴线间距，测设出建筑物的轴线交点。

3. 根据水准测量原理，即水准尺零点处高程加上中丝读数，等于水准仪视准轴水平视线的高程这一原理，进行高程测设。

三、组织和准备

1. 人员组织。每组 4~6 人，操作仪器 1 人，立水准尺或测钎 2 人，记录 1 人，计算 1 人，轮流操作。

2. 仪器准备。经纬仪 1 台，脚架 1 个，水准仪 1 台，水准尺 2 把，钢尺 1 把，测钎 2 根，木桩 4 个，自备计算器、铅笔及计算用纸等。

3. 场地布置。如图 21-1，选择平坦开阔的场地，布设距离 100 m 左右的 D_1、D_2 两个测量标志点。

4. 实验数据。建筑物的平面设计图纸及设计坐标、控制点 D_1 的坐标以及 D_1D_2 边的方位角等已知数据见图 21-1，其中尺寸标注单位为毫米，坐标单位为米；同时已知 D_1D_2 边平行于轴线 A 和轴线 B，D_1 点的高程为 42.630 m。各待放样点的设计高程见表 21-4。

四、内容及步骤

1. 根据已知建筑基线测设建筑物的位置及主要轴线。该方法适用于已知基线与建筑主要轴线平行或垂直的情况。

1) 根据图 21-1 提供的轴线尺寸关系，将原有建筑物的轴线①~⑤延长到已知基线，分别得到交点 1、2、3、4、5。

2) 在 1、2、3、4、5 点先后安置经纬仪，从 D_1 和 D_2 中选择距离设站点较远的点作为后视点，水平旋转 90°，分别测设出①~⑤轴线方向。

3) 根据轴线 A 和轴线①交点及 D_1 的 X 坐标差计算建筑基线 D_1D_2 与轴线 A 的距离 L，分别在交点 1、2、3、4、5 上沿轴线方向量取距离 L，测设出轴线 A 及其与轴线①~⑤的交点。

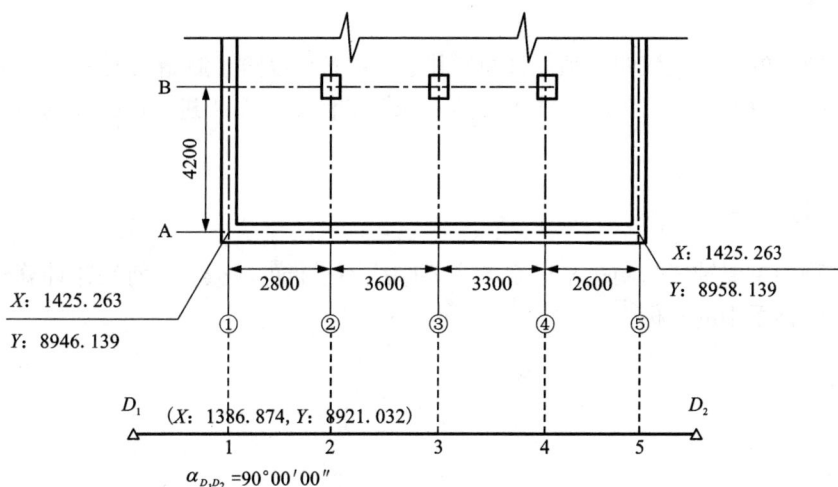

图 21-1　场地布置及实验数据示意图

4）根据设计图标注的轴线 A 和轴线 B 的距离，采用与上一步相同方法，测设出轴线 B 及其与轴线①~⑤的交点，并依次完成所有轴线的测设。

2. 根据已知控制点用极坐标法测设建筑物的位置及主要轴线。该方法适用于轴线较为复杂的建筑物的测设，且不要求已知控制点基线边与轴线平行或垂直。

1）根据建筑物交点设计坐标及设计图的标注尺寸，计算主要轴线交点的坐标，如轴线 B 和轴线②的交点 B2 的坐标可根据轴线 A 和轴线①的交点 A1 的设计坐标以及标注尺寸计算得到：$X_{B2} = X_{A1} + 4.2$ m；$Y_{B2} = Y_{A1} + 2.8$ m。并用相同方法计算其他所有轴线交点坐标。

2）根据实验 17 介绍的坐标点位放样方法，测设出所有轴线交点及主要轴线（表21-1）。

3. 建筑物位置测设的检查：测量任意建筑物两边之间的夹角（半个测回），其测量值与计算值之间的差值应小于 1′，用钢尺丈量测设两轴线点之间的水平距离，与根据设计图数据计算的结果进行比较，其相对误差应达到 1/3000。否则应检查放样的点位的正确性，并对其进行调整（表21-2 和表21-3）。

4. 高程的测设。

1）在距离 D_1 点和其他待测设点距离大致相等的地方安置水准仪，在 D_1 点立水准尺，读得水准尺读数，记为后视 a，根据已知点 D_1 的高程求得水准仪的视线高 $H_i = H_A + a$，再根据建筑物各轴线交点的设计高程，计算前视的水准尺读数值。以待放样点 A1 为例，其水准尺读数值 $b = H_i - H_{A1}$（其中 H_{A1} 为待放样点 A1 的设计高程）。

2）在待测设点旁打一木桩，将水准尺立于木桩一侧，在水准仪照准水准尺时缓慢地上下移动水准尺，直到其在水准仪上的中丝读数等于计算的前视数值 b 为止，则水准尺的零点的位置就是 A1 的设计高程位置。采用同样的方法测设其他各点的高程（表21-4）。

五、注意事项

1. 测设数据的计算应该两人独立计算，并进行检核，以防止原始数据出现错误。

2. 计算时注意反算方位角时直线方向所在象限的问题以及十进制的弧度与六十进制的角度之间转换问题。

六、课后思考

当建筑物的主要轴线与测量坐标系的主要轴线不平行的时候，如何快速计算建筑物轴线交点在测量坐标系中的坐标？

实验报告 21　建筑物轴线定位及高程测设

日期＿＿＿＿＿＿＿＿地点＿＿＿＿＿＿＿＿仪器编号＿＿＿＿＿＿＿＿＿

班级＿＿＿＿＿＿＿　小组＿＿＿＿＿＿＿　姓　名＿＿＿＿＿＿＿＿

表 21-1　放样数据计算表

点号	坐标		坐标增量		方位角 ° ′ ″	放样夹角 ° ′ ″	放样距离/m
	X/m	Y/m	$\triangle X$/m	$\triangle Y$/m			
A1							
A2							
A3							
A4							
A5							
B1							
B2							
B3							
B4							

表 21-2　放样点间距离检查记录表

尺段名	丈量值/m	计算值/m	相对误差/%

表 21-3　角度检查记录表

测站	目标	水平度盘读数 ° ′ ″	半测回角值 ° ′ ″	理论值 ° ′ ″

表 21-4   高程放样数据计算表

测点	设计高程/m	水准尺读数/m		视线高 /m	高程 H/m
		后视 a/m	前视 b/m		
A1	42.600				
A2	42.610				
A3	42.620				
A4	42.630				
A5	42.640				
B1	42.650				
B2	42.655				
B3	42.660				
B4	42.665				

实验 22　方格网法场地平整及土方计算

一、目的与要求

1. 掌握将自然地表平整为水平场地的测量方法。
2. 学会利用方格网法计算填挖平衡的设计高程。
3. 学会根据设计高程和土地平整测量数据计算土石方量。

二、实验原理

根据场地上各方格网的 4 个顶点高程计算每个格网的平均高程，将场地内各格网的平均高程再取平均值，得到场地平整填挖平衡时的设计高程。计算设计高程平面和地面之间每个格网组成的立方柱体的体积，完成土石方量的计算。

三、组织和准备

1. 人员组织。每 4~6 人一组，1 人操作仪器，2 人立观测标志，1 人记录与计算，轮流操作。
2. 仪器准备。经纬仪 1 台，脚架 1 个，水准仪 1 台，水准仪脚架 1 个，钢尺 1 把（前述工具可以用全站仪+脚架替代），木桩若干，水准尺两把，自备铅笔、计算器及计算用纸。
3. 场地布置。选择一块略有起伏的自然地表作为实习的场地。

四、实验步骤

1. 在场地内打方格网。利用经纬仪和钢尺（或全站仪）在现场布设边长为 20 m 的方格网，具体方法可参考实验 21 建筑物轴线定位方法，在各方格顶点处打下木桩，并对各方格顶点进行编号（横向按照 1，2，3…进行编号，纵向按照 A，B，C，D…进行编号）。

2. 测量各方格顶点的高程。利用水准测量或全站仪三角高程的方法测量其高程 $h_{i,j}$（$i =$ A，B，…；$j=1,2,\cdots$）（表 22-1 和表 22-2）。

3. 按以下步骤计算填挖平衡的设计高程。

1）根据 4 个顶点的高程计算该方格的平均高程，如 $h_{i-1,j}$，$h_{i,j}$，$h_{i,j-1}$ 和 $h_{i-1,j-1}$ 为方格 K 的四个角点，则方格 K 的平均高程：$H_k = \dfrac{h_{i-1,j}+h_{i,j}+h_{i,j-1}+h_{i-1,j-1}}{4}$。

2）求场地中所有方格高程的平均值，作为该场地填挖平衡的设计高程：$H_{设} = \dfrac{\sum H_k}{N}$，其中 N 为方格的总数。

4. 计算各方格顶点的填（挖）高度：$\Delta_{i,j} = h_{i,j} - H_{设}$，正值表示挖方，负值表示填方（表 22-3）。

5. 计算填（挖）土石方量。分别计算填（挖）土石方量，不得相互抵消。

1）填方量计算：

①先统计 $\Delta_{i,j}$ 为负的方格网顶点，其每个顶点的填方量 $T_{i,j}=\Delta_{i,j}\times c\times\dfrac{S}{4}$，其中 $\Delta_{i,j}$ 为该点填的高度，c 为以该点为角点的方格个数，S 为方格的面积。

②对所有顶点的填方求和计算总填方量：$T_{总}=\sum T_{i,j}$。

2)挖方量计算：统计 $\Delta_{i,j}$ 为正的方格网顶点，采用与填方量相似的方法计算总的挖方量。

6. 放样填挖边界线与填挖高度。

1)按照适当间隔分别放样出 $\Delta_{i,j}=0$，即地表高程等于设计高程的点，用明显的标志将这些点连成曲线，即为填挖边界线。

2)在各方格点的木桩上注记相应方格点的填挖高度，作为平整场地的依据。

六、课后思考

1.为什么在计算填挖土石方的时候填(挖)量不能相互抵消？

2.若将场地平整成为具有一定坡度的倾斜场地，应该怎样确定设计高程？

实验报告 22　方格网法场地平整及土方计算

日期＿＿＿＿＿＿　地点＿＿＿＿＿＿　仪器编号＿＿＿＿＿＿

班级＿＿＿＿＿＿　小组＿＿＿＿＿＿　姓　名＿＿＿＿＿＿

表 22-1　水准测量高程的记录

测点	水准尺读数/m			视线高程/m	高程 H/m	备注
	后视 a/m	中视	前视 b/m			

表 22-2　全站仪三角高程测量记录手簿

测点	斜距/m	竖直角 ° ′ ″	棱镜高/m	高差 h/m	高程 H/m
时间：　地点：　测站点：　测站点高程：　仪器高：　人员：

表 22-3　设计高程及填挖高度、填挖土石方的计算

点名	权值 $c \times \dfrac{S}{4}$	地面高程($h_{i,j}$) /m	设计高程 (H 设) /m	填挖高度 $\Delta_{i,j}$/m	填挖土石方	
					填方 /m³	挖方 /m³
Σ						

设计高程的计算:

实验 23　高层建筑的轴线投测

一、目的与要求

1. 学习建筑物的主要轴线向高层传递的测量方法。

2. 选择外控法或内控法中的一种完成建筑物的主要轴线的投测。

3. 掌握将高程向建筑高层传递的测量方法。

二、实验原理

测设出地面轴线点上的铅垂线,从而将轴线投测到不同高度的楼层。其中,外控法利用经纬仪定出两个相交的铅垂面 $a_1a_1'a_2'a_2$ 和 $b_1b_1'b_2'b_2$,从而定出它们的交线——铅垂线 Q_1Q_2(图 23-1);内控法利用钢丝悬挂重锤定出位于地面轴线点上的铅垂线(图 23-2),或者利用激光垂准仪定出铅垂的激光束,将地面轴线的控制点竖向投测到建筑物的不同楼层。

三、组织与准备

1. 人员组织。每 4 人一组,轮流操作。

2. 仪器准备。经纬仪 1 台,脚架 1 个,钢尺 1 把,木桩 4 个,(或利用钢丝,垂球;激光垂准仪等)自备计算器、铅笔及计算用纸。

3. 场地布置。各组在校内找一栋较高建筑物或教师指定的建筑物,并在地面标出轴线控制桩(如图 23-1 的点 A_1、A_1'、B_1、B_1')。

四、内容及步骤

1. 外控法投测建筑物的主要轴线

1)在建筑物底部投测轴线位置:高层建筑的基础工程完工后,如图 23-1 所示,将经纬仪安置在轴线控制桩 A_1 和 A_1'、B_1 和 B_1' 上,把建筑物轴线精确地投测到建筑物的底部,并设立标志,如图 23-1 中的 a_1 和 a_1'、b_1 和 b_1',以供下一步施工和向上投测使用。

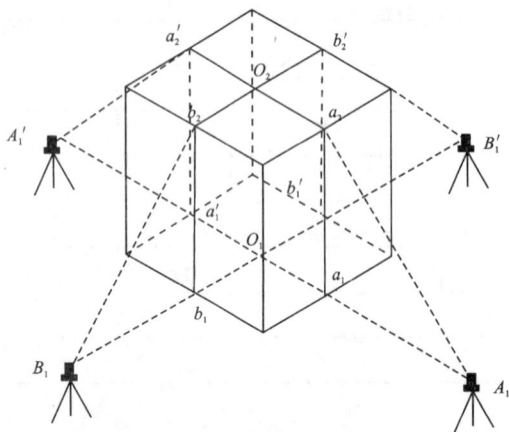

图 23-1　经纬仪投测建筑物轴线

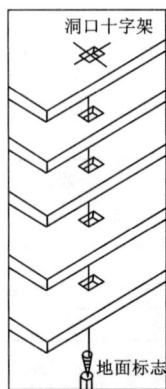

图 23-2　吊线坠法投测轴线

2)向上投测中心线：随着建筑物不断升高，要逐层将轴线向上传递，如图 23-1 所示将经纬仪安置在中心轴线控制桩 A_1 和 A_1'、B_1 和 B_1' 上，严格对中、整平仪器，用望远镜瞄准建筑物底部已标出的轴线 a_1 和 a_1'、b_1 和 b_1' 点，用盘左和盘右分别向上投测到每层楼板上，记录盘左盘右投测位置的偏差值并填入表 23-1。并取其中点作为该层中心轴线的投影点（图 23-1 中的 a_2 和 a_2'、b_2 和 b_2'）（表 23-1）。

3)增设轴线引桩：当楼房逐渐增高，而轴线控制桩距建筑物较近时，望远镜的仰角较大，操作不便，投测精度也会降低。为此，按以下步骤要将原轴线控制桩引测到更远的安全地方，或者附近大楼的屋面。

①将经纬仪安置在已经投测上去的较高层（如第十层）楼面轴线 a_{10} 和 a_{10}' 上（图 23-3）。

②瞄准地面上原有的轴线控制桩 A_1 和 A_1' 点，用盘左、盘右分中投点法，将轴线延长到远处 A_2 和 A_2' 点，并用标志固定其位置，A_2 和 A_2' 即为新投测的 A_1A_1' 轴控制桩。

4)更高各层的中心轴线，可将经纬仪安置在新的引桩上，按上述方法继续进行投测。

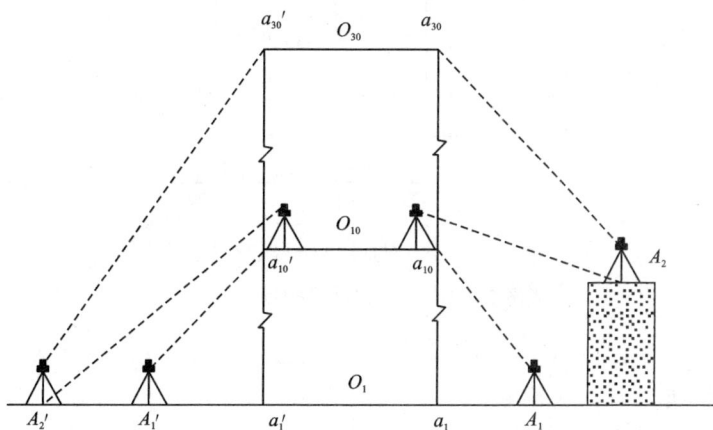

图 23-3 经纬仪引桩投测

2. 内控法投测建筑物的主要轴线

内控法是在建筑物内±0 平面设置轴线控制点，并预埋标志，以后在各层楼板位置上相应预留 200 mm×200 mm 的传递孔，在轴线控制点上直接采用吊线坠法或激光铅垂仪法，通过预留孔将其点位垂直投测到任一楼层（图 23-2）。内控法具体步骤如下。

1)设置内控法轴线控制点：在基础施工完毕后，在±0 首层平面上，适当位置设置与轴线平行的辅助轴线。辅助轴线距轴线 500~800 mm 为宜，并在辅助轴线交点或端点处埋设标志，如图 23-4 所示。

2)吊线坠法：一般用于高度在 50~100 m 的高层建筑施工中，垂球的重量为 10~20 kg，钢丝的直径约为 0.5~0.8 mm，实测时可用铅直的塑料管套着坠线或将垂球沉浸于水（或油）中，以减少摆动。在预留孔上面安置十字架，挂上垂球，对准首层预埋标志。当垂球线静止时，固定十字架，并在预留孔四周作出标记，作为以后恢复轴线及放样的依据（图 23-2）。

3)激光垂准仪法：适用于高层建筑、高塔、烟囱、电梯、大型机构设备的施工安装。其投测方法如下：

①在首层轴线控制点上安置激光垂准仪,利用激光器底端(全反射棱镜端)所发射的激光束进行对中,通过调节基座整平螺旋,使管水准器气泡严格居中。

②在上层施工楼面预留孔处,放置接受靶。

③接通激光电源,启辉激光器发射铅直激光束,通过发射望远镜调焦,使激光束汇聚成红色耀目光斑,投射到接受靶上。

④移动接受靶,使靶心与红色光斑重合,固定接受靶,并在预留孔四周作出标记,此时,靶心位置即为轴线控制点在该楼面上的投测点。

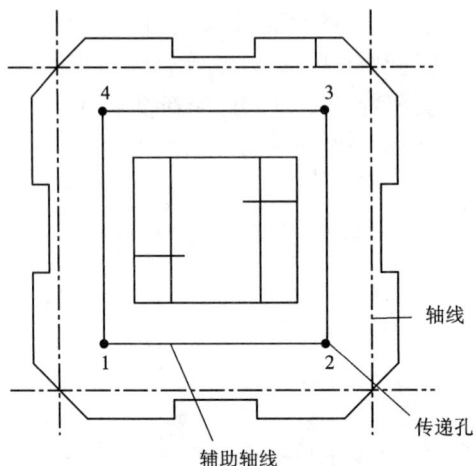

图 23-4　内控法轴线控制点设置

五、注意事项

1. 每次测设的仪器应固定,每次测设前,应将仪器作一次严格检验,特别是照准部分的水准管轴,应严格垂直于竖轴,防止因仪器本身的缺陷造成测量误差。

2. 每次测设时,应特别注意仪器的整平精度。测设时,应采用正、倒镜的测设方法,同时应控制视线仰角的大小,一般不宜大于45°。否则,应在经纬仪上配制弯管目镜,改善观测条件,因为仰角过大,不但操作不便,而且会降低测设精度。

3. 测设时间应选在无风、阴天或早上太阳出来之前,避免自然条件影响测设精度。

4. 地面控制桩应稳固,并妥善保护。

5. 注意因基础沉降原因造成的测量误差,施工中应经常测量基础的沉降差异,一旦发现应及时调整。

六、课后思考

1. 高层建筑的轴线投测和楼面放线方法有哪几种?

2. 不同的高层建筑的轴线投测和楼面放线方法有各自哪些优缺点?

实验报告 23　高层建筑的轴线投测

日期＿＿＿＿＿＿＿＿地点＿＿＿＿＿＿＿＿＿仪器编号＿＿＿＿＿＿＿＿＿

班级＿＿＿＿＿＿＿＿小组＿＿＿＿＿＿＿＿＿姓　名＿＿＿＿＿＿＿＿＿

表 23-1　高层建筑的轴线投测记录手簿

层数 ＼ 测点	盘左盘右偏差					
	A	B	C	D	E	F
1 层						
2 层						
3 层						
4 层						
5 层						
6 层						
7 层						
8 层						
9 层						
10 层						
11 层						
12 层						
13 层						
14 层						
15 层						
16 层						

实验 24　高层建筑的高程传递

一、目的与要求

1. 掌握将高程向建筑物高层传递的测量方法。
2. 融合贯通，掌握将高程往井下的传递方法。

二、实验原理

在高层建筑施工中，需要从地坪层的高程控制点开始，向以上各层传递高程（标高），并用于测设各层的柱、墙、楼板、窗台等细部的设计标高。该实验通过利用悬挂钢尺代替水准尺，根据水准测量原理完成高程测量，或者通过测量不同楼层之间沿铅垂向的距离完成高程的传递。

三、组织与准备

1. 人员组织。每 4 人一组，轮流操作。
2. 仪器准备。水准仪 1 台，脚架 1 个，重锤 1 个，钢尺 1 把，木桩 4 个，自备计算器、铅笔及计算用纸等。
3. 场地布置。各组在校内找一栋较高建筑物或教师指定的建筑物，在楼梯井位置悬挂钢尺。

四、内容及步骤

1. 水准测量法。通过以下步骤完成高差较大时的高程测设。

1）用钢卷尺代替水准尺，零点朝下垂直悬挂于上下可直通的墙、柱、电梯井等处。

2）根据地坪层的高程控制点（如图 24-1 的 +50 mm 标高线）上竖立水准尺，读出前视读数 a_1，转动仪器瞄准钢尺，读后视读数 b_1。

3）在第二层地面安置水准仪，瞄准钢尺，读前视读数 a_2。

4）根据设计层高 l_1 和钢尺的前视读数 a_2，计算出第二层 +50 mm 标高线处水准尺的前视读数：$b_2 = a_2 + (a_1 - b_1) - l_1$。

5）通过上下移动水准尺，使得其前视读数等于 b_2，此时水准尺零点处即是第二层 +50 mm 标高线的位置。

6）重复以上操作，直到测设出各层的高程控制点（表 24-1）。

2. 天顶测距法。在底层垂直孔下安置配有直角目镜的全站仪，先将望远镜放置水平（显示天顶距 90°），向立于底层高程控制点上的水准尺读数，得到仪器高程；然后将望远镜指向天空（显示天顶距为 0°），分别在各层垂准孔上方安置有孔铁板及反射棱镜，仪器瞄准棱镜后，按测距键测定垂直距离；仪器高程加垂直距离后，得到铁板面的高程；再在上层用水准仪按铁板面高程测设该层的 +50 mm 标高线。

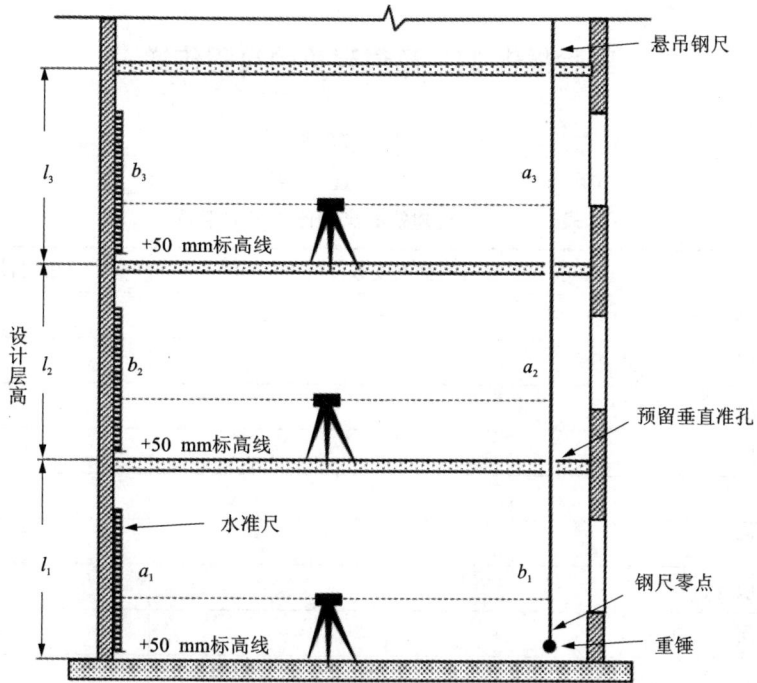

图 24-1　高层建筑施工中的高程传递

实验报告 24　高层建筑的高程传递

日期＿＿＿＿＿＿＿＿地点＿＿＿＿＿＿＿＿仪器编号＿＿＿＿＿＿＿＿＿
班级＿＿＿＿＿＿＿小组＿＿＿＿＿＿＿姓　名＿＿＿＿＿＿＿＿

表 24-1　高层建筑的高程传递观测手簿

层数	前视读数 a/m	后视读数 b/m
1 层		
2 层		
3 层		
4 层		
5 层		
6 层		
7 层		
8 层		
9 层		
10 层		
11 层		
12 层		
13 层		
14 层		
15 层		
16 层		

实验 25　竖井定向测量

一、目的与要求

1. 学会将地面点坐标和方位角从竖井传递到地下的基本原理。
2. 掌握竖井定向的计算方法和基本测量步骤。

二、实验原理

通过在竖井 O_1 和 O_2 处吊两根铅垂线（图 25-1），在靠近竖井位置选定井上连接点 A 和井下连接点 A'，从而构成以 O_1O_2 为公用边的连接三角形 AO_1O_2 和 $A'O_1O_2$。由井上井下连接三角形的平面投影（图 25-2）可见，当已知 A 点的坐标、AB 边的方位角，地面连接角 ω，地面三角形 AO_1O_2 和井下三角形 $A'O_1O_2$ 各要素时，再测定井下连接角 ω'，即可计算出井下导线 $A'B'$ 的方位角及 A' 点的坐标，从而将地面点坐标和方位角从竖井传递到巷道中。

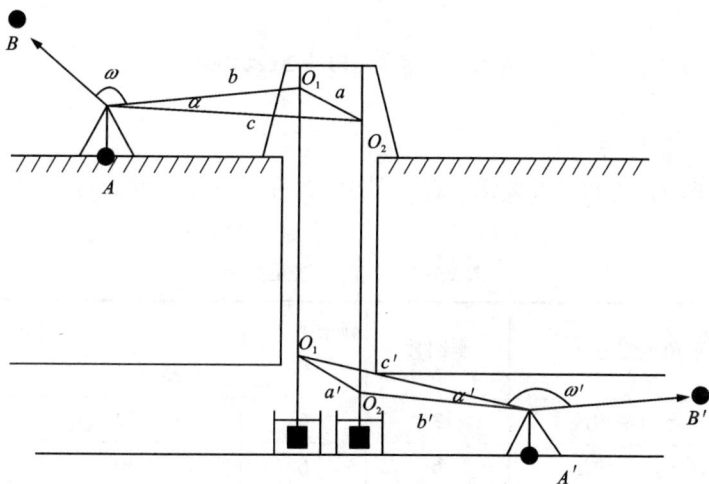

图 25-1　竖井定向的投点示意图

三、组织和准备

1. 人员组织。每 4 人一组，轮流操作。
2. 仪器准备。水准仪（或全站仪）1 台、配套脚架 1 个，垂球两个，0.5 mm 高强钢丝，导向滑轮，经过比长的钢卷尺 2 把，小垂球 2 个，大水桶 2 个，定点板 2 个等。
3. 场地布置。在校内找一栋带楼梯间的建筑物，将楼梯间假设成"竖井"，悬挂两根高强度钢丝用于定向，与楼梯间联通的楼道假设作为地下"巷道"，将地面地面点坐标和方位角从"竖井"传递到"巷道"中。

四、内容及步骤

1. 投点

如图 25-1 所示，根据竖井大小，在距离尽可能大的 O_1 和 O_2 位置安置两根高强度钢丝，钢丝下端挂垂球使得钢丝铅垂，将垂球放在装有稳定液的桶中，以保持垂线稳定。

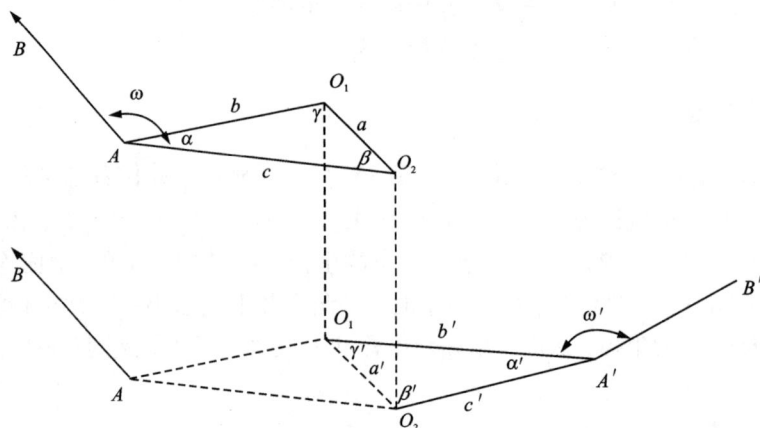

图 25-2 竖井定向的连接示意图

2. 外业观测。

1）按表 25-1 的方法和限差要求，观测图 25-2 所示的水平角 ω、α、ω' 和 α'。

表 25-1 施测方法及限差

仪器级别	水平角观测方法	测回数	测角中误差 /″	限差	
				半测回归零差/″	各测回互差/″
DJ_2	全圆方向观测法	3	6	12	12
DJ_6	全圆方向观测法	6	6	30	30

2）丈量地面三角形 AO_1O_2 的边长 a、b 和 c，以及井下三角形 $A'O_1O_2$ 的边长 a'、b' 和 c'。

①在垂线稳定情况下，用钢尺的不同起点丈量 6 次，读数估读到 0.5 mm。同一边的测量值互差不大于 2 mm 时取平均值作为边长。

②在垂球摆动情况下，将钢尺沿所量三角形的各边方向固定，然后用摆动观测的方法（至少连续读取六个读数），确定钢丝在钢尺上的稳定位置求得边长。同一边均须用上述方法丈量两次以上，互差不得大于 3 mm 时，取平均值作为边长结果。

③在井上、井下分别量得的两垂线间的距离的互差一般不得超过 2 mm；或在钢丝上贴反射片，利用全站仪光电测距的方法来测量边长，钢丝之间的距离用对边测量的方法观测。

3. 内业计算

1）用正弦公式计算地面三角形 AO_1O_2 中顶点在 O_1 和 O_2 处的角度 γ 和 β：$\sin\gamma = \sin\alpha \cdot \dfrac{c}{a}$，$\sin\beta = \sin\alpha \cdot \dfrac{b}{a}$（表 25-2）。

2）同理，计算井下三角形 $A'O_1O_2$ 中顶点在 O_1 和 O_2 处的角度 γ' 和 β'：$\sin\gamma' = \sin\alpha' \cdot \dfrac{c'}{a'}$，$\sin\beta' = \sin\alpha' \cdot \dfrac{b'}{a'}$（表 25-3）。

3）角度闭合差检核：计算三角形 AO_1O_2 的角度闭合差 $f_\beta = 180° - (\alpha + \beta + \gamma)$，若 f_β 满足限差要求，则用改正数 $v_\beta = v_\gamma = \dfrac{-f_\beta}{2}$ 改正 β、γ 的角度值。用相同方法改正三角形 $A'O_1O_2$ 中的 β' 和 γ' 角。

4）距离检核：对三角形 AO_1O_2，O_1O_2 的边长计算值 $\alpha_{计}^2 = b^2 + c^2 - 2bc\cos\alpha$，而其实际丈量值为 $\alpha_{量}$，两者差值 $d = \alpha_{量} - \alpha_{计}$，若 $d \leqslant 2$ mm 且符合《煤矿测量规程》要求，则用改正数 $v_a = v_b = -v_c = \dfrac{-d}{3}$ 改正边长 a、b 和 c。三角形 $A'O_1O_2$ 中，$d' = a'_{量} - a'_{计}$，$d' \leqslant 4$ mm 且符合《煤矿测量规程》要求时，用相同方法改其边长 a'、b' 和 c'。

5）选择如图 25-2 中实线所示的联系三角形最有利的形状（传递方向过小角），根据 AB 的已知方位角和 A 点坐标，推算井下 $A'B'$ 的方位角及 A' 和 B' 点的平面坐标，完成单井定向（表 25-4）。

五、注意事项

1. 为了减少垂球的摆动，常将垂球置于水桶中，水桶一般采用无盖汽油桶，放入垂球后须加盖以防滴水冲击。

2. 垂球下放时速度要均匀，每下放 50 m 应稍停一下，使垂球摆动稳定下来再继续下方。

3. 为了得到最有利的图形条件，两垂线之间的距离应尽可能远，角度 α 值尽可能小于 1°，边长比 $\dfrac{b}{a}$ 大约在 1.5 左右，即尽可能将联系三角形布设成直伸三角形。

4. 边长改正时，不一定要硬套公式 $v_a = v_b = -v_c = -\dfrac{d}{3}$，而是对最长的边往大改，即改正数为 $\dfrac{d}{3}$，其余两个短的边往小改，即改正数取 $-\dfrac{d}{3}$。

实验报告 25　竖井定向测量

日期 ＿＿＿＿＿＿＿＿ 地点 ＿＿＿＿＿＿＿＿ 仪器编号 ＿＿＿＿＿＿＿＿

班级 ＿＿＿＿＿＿＿＿ 小组 ＿＿＿＿＿＿＿＿ 姓　名 ＿＿＿＿＿＿＿＿

表 25-2　地面连接三角形的解算

1. 观测值			
边长		边长	
边长		角度	
2. 角度的计算和检核			
计算的角		计算的角	
三角形角度闭合差		和角的改正数	
改正后的角		改正后的角	
3. 距离的计算和检核			
计算的边长		偏差	
改正后的边长		改正后的边长	
改正后的边长			

表 25-3　井下连接三角形的解算

1. 观测值			
边长		边长	
边长		角度	
2. 角度的计算和检核			
计算的角		计算的角	
三角形角度闭合差		和角的改正数	
改正后的角		改正后的角	
3. 距离的计算和检核			
计算的边长		偏差	
改正后的边长		改正后的边长	
改正后的边长			

表 25-4　联系三角形连接井上下坐标计算

点		水平角 ° ′ ″	方位角 ° ′ ″	水平 边长	坐标增量		坐标		草图
测站	视准点				ΔX	ΔY	X	Y	

实验 26　建筑物沉降观测

一、目的与要求

1.学习建筑物沉降观测的过程与方法。

2.掌握建筑物变形监测数据处理的基本方法。

3.能根据沉降监测结果分析沉降规律。

二、实验原理

1.通过在形变区域外设立稳定的形变监测控制点,利用水准测量原理,观测出监测点相对于稳定的形变监测控制点之间的高差。

2.通过不同周期的观测,获得监测点相对于稳定的形变监测控制点之间的高差随时间的变化,该高差变化量就是该观测周期内监测点的沉降值;用沉降值除以该时间段的时长,得到的就是沉降速率。

三、组织和准备

1.人员组织。每组 4 人,1 人观测,1 人记录,2 人扶尺,轮流操作。

2.仪器准备。数字(电子)水准仪或带测微器的精密光学水准仪 1 台(S1 或 S05 级),水准尺或条码尺 2 根,尺垫 2 个,皮尺 1 把,记录板 1 块,三脚架 1 个。

3.场地布置。各组找一栋高层建筑物或老师指定的建筑物,在反映沉降特征的位置设沉降观测点并标记(如图 26-1 所示)。

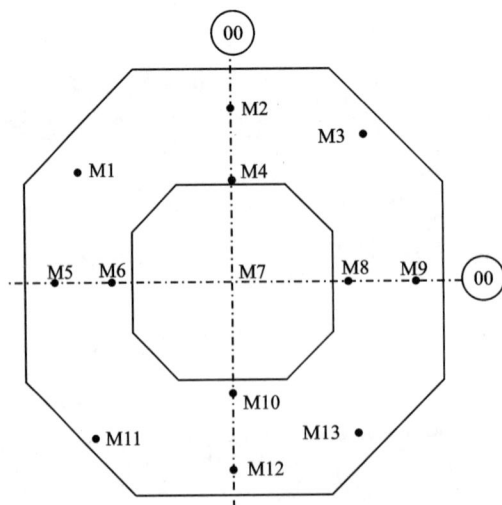

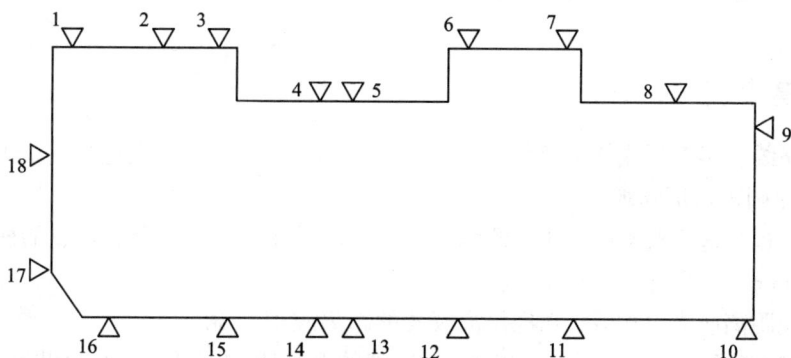

图 26-1　建筑物沉降监测点布设示例图

四、内容及步骤

1. 沉降观测的布设

1) 水准点的布置：在离观测建筑物一定距离且在建筑物沉降影响范围以外的地方，选择地面稳固的地点做 3 个以上的水准点，作为沉降观测的基准点和工作基点。

2) 监测点的布设：在建筑物外围均匀布设监测点，同时在荷载有变化的部位、平面形状改变处、沉降缝两侧、有代表性的支柱和基础等能全面反映建筑物的沉降情况的部位布设沉降监测点。

3) 在水准点与沉降观测点之间要建立固定的观测路线，并在架设仪器站点与转点处做好标记桩，以保证每次观测均沿相同路线。

2. 沉降观测的实施

1) 确定沉降观测时间和观测周期：通常在水准点、观测点埋设稳固以后，至少观测两次，求取水准点和观测点的初始值。待 (或在) 建的建筑物在建筑物增加荷重前后、地面荷重突然增加、周围大量开挖土方等时，均应随时进行沉降观测。工程竣工后，一般每月观测一次；如果沉降速度减缓，则可改为 3 个月观测一次，直到沉降量不超过 1 mm，观测才可停止。对于已经建好的建筑物，需根据要求和实际情况确定观测次数和周期 (表 26-1)。

2) 制订沉降观测的技术要求。沉降观测时，除应遵循精密水准测量的有关规定，对重要厂房和重要设备基础的沉降观测须使用 S1 级水准仪外，对一般厂房建筑物要求不高时，也可使用 S3 级水准仪进行观测。对二级、三级观测点，除建筑物主要变形特征点外，可使用间视法进行观测，但视线长度不得大于相应等级规定。观测时仪器要避免安置在有振动影响的范围内，也不得安置在马路中间。

3. 沉降观测成果整理和分析

1) 资料整理：每次观测后应检查表中数据和计算是否合理、正确，精度是否在限差范围内，文字说明是否齐全，并计算出沉降量及其累计量，注明观测日期和荷重情况，编写变形观测报告和说明 (表 26-2)。根据结果绘制沉降量、地基荷载与延续时间的关系图。

2) 资料分析：对观测数据进行数理统计分析，分析建筑物变形过程、变形规律、变形幅度、变形原因、变形值与引起变形因素之间的关系,判断建筑物沉降情况是否正常,并预测变形趋势。

五、注意事项

1. 水准路线应尽量形成闭合路线。遵循固定人员、固定仪器、规定日期、规定方法及路线的"四定"原则进行沉降观测。

2. 使用间视法进行观测时,测完监测点后要再测后视点,同一个后视点的两次读数之差不得超过±1 mm,最后闭合于水准点。

3. 前后视距离应大致相等,水准尺离仪器的距离应小于 50 m。

4. 对大型建筑物、重要厂房和重要设备基础的沉降观测,要求能反映出 1 mm 的沉降。定期检查水准点的高程有无变化。

5. 为真实及时反映沉降信息,必须按照工程进度和实际情况按时进行沉降观测,不得补测和漏测。

实验报告 26　建筑物沉降观测

日期＿＿＿＿＿＿＿＿＿　地点＿＿＿＿＿＿＿＿　仪器编号＿＿＿＿＿＿＿＿＿＿

班级＿＿＿＿＿＿＿＿＿　小组＿＿＿＿＿＿＿＿　姓　名＿＿＿＿＿＿＿＿＿＿

表 26-1　建筑物沉降观测记录手簿

日期	年月日	年月日		年　月　日			年　月　日			年　月　日		
测点	初次高程/m	高程/m	本次下沉/m	高程/m	本次下沉/m	累计下沉/m	高程/m	本次下沉/m	累计下沉/m	高程/m	本次下沉/m	累计下沉/m
施工情况												
沉降观测点布置图												

表 26-2　建筑物观测成果表

观测日期												
形象进度												
序号	初次高程/m	第二次高程/m	本次下沉量/mm	下沉速度/(mm·d⁻¹)	第三次高程/m	本次下沉量/mm	下沉速度/(mm·d⁻¹)	第四次高程/m	本次下沉量/mm	下沉速度/(mm·d⁻¹)	第五次高程/m	本次下沉量/mm	下沉速度/(mm·d⁻¹)
平均值												
观测隔天数/d												
沉降速率												
观测人												

说明:

实验 27 建筑物倾斜观测

一、目的和要求

1. 掌握建筑物倾斜观测的过程与方法。
2. 掌握建筑物倾斜观测数据处理方法。
3. 学会对结果进行分析，找出变形原因及其规律。

二、实验原理

建筑物的倾斜通常表现为底部和顶部的不均匀位移。本实验通过利用经纬仪（或全站仪）观测高度为 H 的建筑物顶部的观测点在某时段内相对于底部观测点的水平位移 Δ，从而估计其在该时段内的倾斜度为 $i=\dfrac{\Delta}{H}$；或者利用经纬仪（全站仪）测量出建筑物顶部中心相对于底部中心的偏移值，从而求出其倾斜量。

三、组织与准备

1. 人员组织。每 4 人一组，轮流操作。
2. 仪器准备。高精度经纬仪（或全站仪）1 台，配套脚架 1 个，标尺 1 根，记录板 1 块，钢尺 1 把。
3. 场地布置。在校内选择周边视野开阔的独立高层建筑或圆形建筑物进行倾斜观测。

四、内容及步骤

1. 一般建筑物的倾斜观测

1）如图 27-1 所示，将经纬仪（或全站仪）安置在距离建筑物高度 1.5 倍左右的一处固定测站 O_1 上，瞄准建筑物墙面上部的观测点 M，用盘左、盘右分中投点法，定出下部的观测点 N。用同样方法，在与 A 墙面垂直的墙面上定出上部观测点 P，在测站 O_2 上测出下部观测点 Q。M、N、P 和 Q 即为所设观测标志。

2）间隔一段时间，在原固定测站上 O_1 安置仪器照准 M 点，用盘左、盘右分中投点法得到下部观测点 N'。如果 N 和 N' 不重合，其距离为 a，则说明在该时段内建筑物在 A 墙面方向上发生了倾斜。再在 O_2 上安置仪器，用同样方法求出 B 墙面方向上与 P 点对应的的下部观测点 Q'，求出 Q 和 Q' 的距离 b。

3）计算出该时段内总的倾斜量 $\Delta=\sqrt{a^2+b^2}$，则该时段内的倾斜度为 $i=\dfrac{\Delta}{H}$（表 27-1）。

2. 圆形高大建筑物的倾斜观测

在两个互相垂直的方向上，测定圆形建筑物（如烟囱、水塔等）的顶部中心对底部中心的偏距。

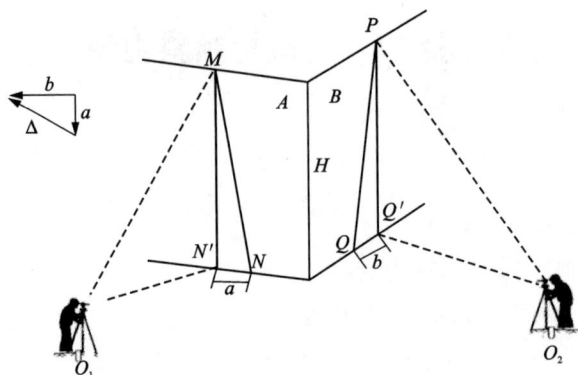

图 27-1 一般建筑物的倾斜观测

1）如图 27-2 所示，在圆形建筑物底部横放一根标尺，在标尺中垂线方向上距离建筑物高度 1.5 倍左右的距离处，设固定测站 O_1 并安置经纬仪（或全站仪）。

2）照准建筑物顶部边缘两点 A、A' 及底部边缘 B、B'，分别投到标尺上得到读数 y_1、y_1'、y_2 和 y_2。

3）计算 Y 方向上顶部中心与底部中心的偏离分量：$\Delta y = \dfrac{y_1+y_1}{2} - \dfrac{y_2+y_2}{2}$。

4）用同样方法，得到 X 方向上顶部中心与底部中心的偏离分量 Δx，则总偏心距 $\Delta = \sqrt{\Delta x^2 + \Delta y^2}$，设建筑物的高度为 H，则倾斜度为 $i = \dfrac{\Delta}{H}$（表 27-2）。

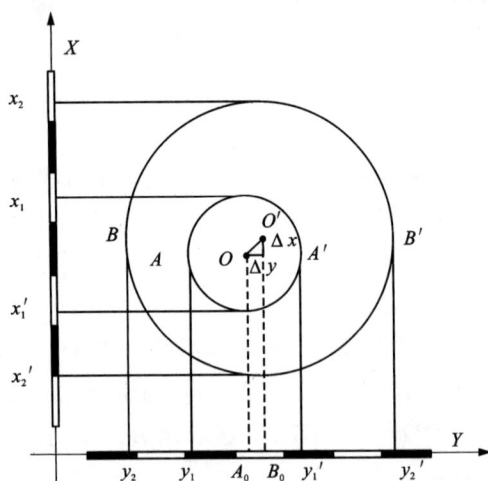

图 27-2 圆形高大建筑物的倾斜观测

五、注意事项

1. 倾斜观测要求观测精度高，因此应使用精密水准仪、精密经纬仪（或精密全站仪），采用精密测量方法。

2. 为真实及时反映建筑物的倾斜形变信息，必须按照工程进度和实际情况按时进行倾斜变形观测，不得补测和漏测。

3. 观测中应尽量减少误差干扰，应做到定人、定仪器、定时间、定方法和路线，以使各期观测条件基本相同。

4. 观测成果应准确、可靠、完整。

六、课后思考

1. 建筑物的倾斜观测方法有那几种？

2. 测得某烟囱的顶部中心坐标为 $x'_0 = 1058.346$ m，$y'_0 = 2379.774$ m；测得其底部中心坐标为 $x'_0 = 1058.338$ m，$y'_0 = 2379.783$ m。已知烟囱高 35 m，求它的倾斜度与倾斜方向。

实验报告 27　建筑物倾斜观测

日期＿＿＿＿＿＿＿＿＿地点＿＿＿＿＿＿＿＿＿仪器编号＿＿＿＿＿＿＿＿＿

班级＿＿＿＿＿＿＿＿＿小组＿＿＿＿＿＿＿＿＿姓　名＿＿＿＿＿＿＿＿＿

表 27-1　一般建筑物的倾斜观测记录手簿

工程名称			建筑物高度		
观测仪器			观测者		
记录者			检查者		
	第 1 至第 2 次观测		第 1 至第 3 次观测		第 1 至第 4 次观测
监测点号	偏移量/m	倾斜度/″	偏移量/m	倾斜度/″	偏移量/m	倾斜度/″
M						
P						
Δ						
工程施工进展情况						
荷载情况/$(t \cdot m^{-2})$						

表 27-2　圆形建筑物的倾斜观测

工程名称		建筑物高度	
观测仪器		观测者	
记录者		检查者	
X 方向倾斜观测		Y 方向倾斜观测	
监测点号	偏移量/m	监测点号	偏移量/m
倾斜度/″		倾斜度/″	
总的倾斜度/″			

第4章

测量教学综合实习

一、实习目的

　　测量教学综合实习是在学习测量学理论知识和测量基础实验的基础上，在指定的实习地点和时间内进行的综合性测量实践教学活动，是课堂教学结束之后在实习场地集中进行综合训练的实践性教学环节。

　　通过测量教学综合实习可以将已学过的测量基本理论、基础知识综合起来进行一次系统的实践，不仅可以巩固、扩大和加深学生从课堂上所学的理论知识，还能让学生了解工程测量的工作过程，熟练掌握测量仪器的操作技能和记录、计算方法，并掌握大比例尺地形图测绘的基本方法和地形图应用；同时还能够根据工程情况编制施工测量方案，掌握施工放样的基本方法，使学生在业务组织能力和实践动手能力方面得到锻炼，提高学生的独立思考、解决实际问题的能力和严谨求实、吃苦耐劳、团结合作的工作作风。

二、实习内容

　　根据教学安排的实习课时数及仪器设备条件，由实习指导老师制定以下全部或部分内容进行实习。

1. 大比例尺地形图测绘

1）平面控制：布置导线作为平面控制。

2）高程控制：用四等水准测量测定各控制点的高程，作为高程控制。

3）地形测量：用经纬仪测绘法、小平板仪与经纬仪联合法或且全站仪测绘地形图。

4）地形图拼接与整饰：要求在指定实习场地内，每组测绘 200 mm×200 mm 的 1∶500 地形图一幅，每人绘制同样的图一幅，同时与邻图进行拼接并整饰。

5）应交资料：

①小组交：外业记录手簿、内业计算资料和地形图一套。

②个人交：导线坐标计算表、水准路线高程计算表及地形图一套。

2. 地形图应用

1）每人在自绘的地形图上设计建筑基线一条，注明三个主点的坐标。

2)每人在上述地形图上用红笔画出设计房屋一幢,并标注房屋主要角点的坐标。

3)计算填挖方平衡时该房屋的设计高程。

4)应交资料:每人交1份建筑基线、厂房轴线的坐标数据,房屋的设计标高计算过程及结果数据。

3. 建筑施工测量

1)建筑基线和建筑物轴线的放样。

2)根据自己设计的建筑基线和房屋进行放样数据及放样略图的准备工作。

3)根据控制点用极坐标法进行建筑基线放样,再根据建筑基线用直角坐标法进行厂房或民用房屋轴线及柱子基坑放样工作。

4)应交资料:每人交建筑基线、厂房轴线的放样数据、标高测设数据等1套。

4. 撰写实习报告和总结,每人交1份

三、准备工作

1. 测区准备。实习之前由教师先行选定测区,并对选定的测区进行全面考察,了解其基本情况,并论证其作为测区的可行性。如果是结合生产任务的实习,还应确认测区是否满足测量实习要求,并与生产单位签订测量实习协议书。

2. 数据准备。根据需要,还应事先建立测区首级控制网,开展测区首级控制测量,以获得图根测量所需的平面控制点坐标及其高程(已知数据)。将首级控制点的位置展绘在大图纸上,按测量教学综合实习要求进行地形图的分幅。测区首级控制测量工作完成后,给各小组分发控制点成果表及测区地形图,为实习小组提供图根控制测量选点、测量、计算的依据。

3. 实习动员。在进入实习场地前开展实习动员,对实习的各项工作及相关要求与注意事项做出系统、合理、科学的安排。主要包括以下五个方面:

1)在思想认识上让学生明确实习的重要性和必要性。

2)提出实习的任务和计划并布置任务,公布实习的组织安排,分组名单,让学生明确这次实习的任务和安排。

3)对实习的纪律做出要求,明确请假制度,清楚作息时间,建立考核制度。

4)说明仪器、工具的借领方法和损坏或遗失的赔偿规定。

5)指出实习注意事项,特别是注意人身和仪器设备的安全,以保证实习的顺利进行。

4. 方案设计。除了课本教材外,在测量实习中,所采用的技术标准均以测量规范为依据。故测量规范是测量实习中指导各项工作不可缺少的技术资料。测量实习中所用到的常用规范见表28-1。

表 28-1 实习中常用的测量规范简表

中华人民共和国行业标准《城市测量规范》(CJJ/T 8—2011)
中华人民共和国国家标准《工程测量标准》(GB 50026—2020)
中华人民共和国国家标准《1∶500 1∶1000 1∶2000 地形图图式》(GB/T 20257.1—2007)
中华人民共和国行业标准《公路勘测规范》(JTG C10—2007)

组织各实习小组进行测量规范的学习，熟悉测区概况，各小组认真编写测量实习的技术方案。

5.仪器准备。测量小组根据测量要求和测量方法配备相应的仪器和工具，每组列好自己的仪器清单来借领并核对仪器工具。借领仪器后认真对照清单仔细清点仪器和工具的数量，核对编号，发现有遗漏及时反馈。同时开展仪器检查，包括：

1)检查仪器应表面无碰伤、盖板及部件结合整齐，密封性好，仪器与三脚架连接稳固无松动。

2)仪器转动灵活，制、微动螺旋工作良好，水准器状态良好，望远镜对光清晰，目镜调焦螺旋使用正常，读数窗成像清晰。

3)检查三脚架应伸缩灵活自如，脚架紧固螺旋功能正常。

4)检查水准尺尺身平直、水准尺尺面分划清晰等。

四、实习过程

1.图根控制测量

各小组了解本组的测区范围、控制点的分布情况。在此基础上建立图根控制网。以图根导线为例，其工作内容如下。

1)图根导线测量的外业工作，主要包括：

①踏勘选点：各小组在指定测区进行踏勘，了解测区地形条件和地物分布情况，根据测区范围及测图要求确定导线布设方案。选点时应在相邻两点都各站一人，相互通视后方可确定点位。点位选定之后，应立即做好点的标记，若在土质地面上可打木桩，并在木桩顶部钉小铁钉或画"十"字作为点的标志；若在水泥等较硬的地面上可用油漆画"十"字标记。在点标记旁边的固定地物上用油漆标明导线点的位置，用仿宋体编写组别与点号，字体朝北。导线点应分等级统一编号，以便于测量资料的管理。为了使所测角既是内角也是左角，闭合导线点可按逆时针方向编号。

②平面控制：含导线转折角和连接角测量(可用经纬仪或全站仪按测回法观测)和导线边长测量(可用钢尺或光电测距仪、全站仪测量)。

③高程控制：采用普通水准测量或三角高程测量方法(山区或丘陵地区)对图根点进行高程控制测量。

2)图根导线测量的内业计算，主要包括：

①数据整理和检查：在计算前全面检查导线测量的外业记录有无遗漏或记错，是否满足规范的限差要求，如发现问题应及时返工。

②平面坐标计算：绘出导线控制网的略图，并将点名、点号、已知点坐标、边长和角度观测值标在图上，检核角度和导线全长相对闭合差，如满足限差要求则进行平差计算，获得各控制点的平面坐标。

③高程计算：画出水准路线略图，并将点号、起始点高程值、观测高差、测段测站数(或测段长度)标在图上。检核高差闭合差及其限差，对满足限差要求的数据，在水准测量成果计算表中进行高程平差计算，获得图根点高程。

3)绘制图纸方格网及控制点展绘(经纬仪加小平板大比例尺地形图测绘需作)：

①绘制坐标格网：在聚脂薄膜上，使用打磨后的 5H 铅笔，按对角线法(或坐标格网尺

法)绘制 40 cm×40 cm(或 50 cm×40 cm)坐标方格网,格网边长为 10 cm,其格式可参照《地形图图式》。坐标方格网绘制好后,擦去多余的线条,在方格网的四角及方格网边缘的方格顶点上根据图纸的分幅位置及图纸的比例尺,注明坐标,单位取至 0.1 km。

②展绘控制点:根据控制点的坐标成果,将其展绘在坐标方格中,并标注相应的控制点符号(全站仪测图可直接将控制点成果展绘于绘图软件中)。

2. 地形图测绘

1)任务安排:

①准备仪器及工具,进行必要的检验与校正。

②在测站上各小组可根据实际情况,安排观测员 1 人,绘图员 1 人,记录 1 人,计算 1 人,跑尺 1~2 人。

③根据测站周围的地形情况,全组人员集体商定跑尺路线,可由近及远,再由远及近,按顺时针方向行进,合理有序,能防止漏测,保证工作效率,并方便绘图。

④提出对一些无法观测到的碎部点的处理方案。

2)仪器的安置:在图根控制点上安置(对中、整平)经纬仪,量取仪器高 i,做好记录。

3)跑尺和观测:了解地物地貌在地形图上正确表示所需要立尺的特征点。

4)计算和绘图:计算出碎部点到测站点的图上距离,根据水平角和水平距离,用极坐标法将碎部点展绘于图纸上,并对照实地,用相应地形图符号连接碎部点,边测边绘。

5)地形图的拼接:由于对测区进行了分幅测图,因此在测图工作完成以后,需要进行相邻图幅的拼接工作。拼接时,可将相邻两幅图纸上的相同坐标的格网线对齐,观察格网线两侧不同图纸同一地物或等高线的衔接状况。如果误差满足限差要求,则可对误差进行平均分配,纠正接边差,修正接边两侧的地物及等高线。否则,应进行测量检查纠正。

6)地形图的整饰:地形图拼接及检查完成后就需要用铅笔进行整饰。整饰应按照:先注记,后符号;先地物,后地貌;先图内,后图外的原则进行。注记的字型、字号、字隔、字列等应严格按照《地形图图式》的要求选择。

7)地形图的检查:

①内业检查。检查观测及绘图资料是否齐全,抽查各项观测记录及计算是否满足要求,图纸整饰是否达到要求,接边情况是否正常,等高线勾绘有无问题。

②外业检查。将图纸带到测区与实地对照进行检查,检查地物、地貌的取舍是否正确,有无遗漏,使用的图式和注记是否正确,发现问题应及时纠正;在图纸上随机地选择一些测点,将仪器带到实地,实测检查,重点放在图边。

检查中发现的错误和遗漏,应进行纠正和补漏。

8)成图:经过拼接、整饰和检查的图纸,可在肥皂水中漂洗,清除图面的污尘后,即可直接着墨,进行清绘后晒印成图。

3. 地形图应用

1)每人在自绘的地形图上,选择地形起伏较大的区域,设计一座面积不小于 100 m² 的建筑物,用红笔在地形图上画出,并计算出房屋主要角点的坐标。

2)设计建筑物的一条基线,并计算出三个主点的坐标。

3)用 10 m 方格网,在现场进行土方测量,并计算填挖方平衡时该房屋的设计高程,提交计算表格和设计高程结果。

4. 建筑施工测量

1）根据自己设计的建筑基线的上个主点的坐标，计算建筑物基线的测设数据；然后根据控制点用极坐标法进行建筑基线放样。

2）根据完成测设的建筑基线，分别用直角坐标法进行厂房或民用房屋轴线及柱子基坑的放样工作。

3）根据计算的设计标高，在现场测设出建筑物的位置。

4）测设完毕后，对结果进行检核。

5）个人交：建筑基线、厂房轴线的放样数据。

五、实习要求

1. 熟练掌握测量仪器的操作方法和记录、计算方法。

2. 掌握经纬仪、水准仪的检验校正的方法。

3. 掌握大比例尺地形图测绘的基本方法和地形图应用。

4. 能够根据工程情况编制施工测量方案，掌握施工放样的基本方法。

5. 保质、保量、按时完成规定的测绘任务，最后交付测绘成果资料。

六、注意事项

1. 测量实习中应严格遵守学校的各种规章制度和纪律，不得无故迟到、早退和缺习，应有吃苦耐劳精神。

2. 各组要整理、保管好原始记录和计算成果等。

3. 测量实习中记录、计算应规范，不得随意涂改。

4. 测量实习中应爱护仪器和工具，按规定或程序操作；注意仪器、工具的安全，防止遗失和损坏。

5. 测量实习中组长要合理安排，确保每人有操作和训练的机会。

6. 小组成员应相互配合，服从安排和管理注意培养团队合作精神。

七、技术依据

实习中所依据的规范：《城市测量规范》（CJJ/T 8—2011），中华人民共和国国家标准《工程测量规范》（GB 50026—2020），《1∶500、1∶1000、1∶2000 地形图图式》（GB/T 20257.1—2007）。

1. 图根导线测量

1）导线边丈量往返相对精度不低于 1/2000。

2）DJ6 经纬仪测角两个测回，半测回差 40″，测回差 24″。

3）可独立布设用罗盘仪测磁方位角定向，也可与高一级控制点连测。

4）角度闭合差允许值。

5）导线全长相对闭合差 $K = 1/2000$。

2. 为满足测地形图所必须要的加密控制

1）经纬仪视距导线精度为 1/300。

2)经纬仪支导线(只允许支出一点),支导线边长不应大于相应比例尺地形点最大视距长度的 2/3,往返测的视距较差一般不大于边长的 1/150。

3. 四等水准测量

1)路线闭合差:mm。

2)视线长度≤75 m。

3)视线高度以满足三丝能够读数为原则。

4)前后视距差≤5 m。

5)前后视距累计差≤10 m。

6)红黑面读数差≤3 mm。

7)红黑面所测高差之差≤5 mm。

4. 普通工程水准测量

1)闭合及附合水准路线,其高差闭合差容许值为:mm。

2)支水准路线,往返测不符合值不应超过 mm。

3)视距在 75 m 以内,前后视距大致相等。

5. 测图工作

1)方格网的检查:采用聚脂薄膜测图。用直尺检查方格网的交点是否在同一直线上,其偏离值应小于 0.2 mm。用标准直尺(格网尺)检查方格网线段的长度与理论值相差不得超过 0.2 mm。方格网对角直线长度误差应小于 0.3 mm,如超过规定的限差应重新绘制。

2)控制点展绘的检查:各控制点展绘好后,可用比例尺在图上量取各相邻控制点之间的距离,和已知的边长相比较,其最大误差在图纸上不得超过 0.3 mm,否则应重新展绘。

3)检查点号和高程的注记有无错误。

4)用一般直尺展点只能估读到尺子最小格值的。如果想要正确地读出最小格值的,则可用复式比例尺。

5)采用经纬仪法测图时,碎部点的最大视距长度在 1:500 的测图时不得超过 75 m。

6)地形图例采用国家测绘总局颁布的《1:500、1:1000、1:2000 地形图图式》的统一规定。

7)所有碎部点高程注记至 0.1 mm。点位借用高程注记的小数点。等高距的大小应按地形情况和用图需要来确定。

八、实习组织

1. 组织机构

1)由教师、班长、学习委员组成实习领导机构,下设实习小组。

2)实习小组由 4~5 人组成,设组长、副组长各 1 人。

3)每日的外业实习工作由小组成员轮流当责任组长。

2. 职责

1)班长:检查全班各组考勤和各小组实习进度,协助解决实习有关事宜。

2)学习委员:检查各组仪器使用情况,收集各小组的实习成果。

3）组长：提出制订本组的实习工作计划，安排责任组长，全组讨论通过。每天及时收集保管本组的实习资料和成果。

4）实习工作计划表内容：日期、实习内容、责任组长。

5）副组长：负责本组仪器的保管及安全检查、保管本组实习内业资料。

6）责任组长：执行实习计划，安排当天实习的具体工作，登记考勤，填写实习日志。注意做好准备。责任组长如实记录实习日志，实习日志内容包括当天实习任务、完成情况、存在问题、解决措施、小组出勤情况。

九、提交成果

1. 小组提交。小组外业记录手簿（包括导线记录观测、水准观测记录表、碎部测量记录表、土方测量记录表），实习日志，地形图 1 幅。

2. 个人提交。建筑基线和厂房轴线的坐标数据，屋的设计标高及填挖方计算表，导线平差计算表，水准平差计算表，建筑物测设计算表，实习总结和报告。

十、实习报告

测量实习结束后，每位同学都应按要求编写《实习报告》，编写提纲如下：

（一）封面。实习地点和名称、起止日期、班级、组号、姓名、学号、指导教师。

（二）前言。简述本次实习的目的、任务及要求。

（三）实验内容。

1. 完成任务情况

1）任务来源、测区范围、遵守的技术要求、规范和图式。

2）施测单位、工作起止日期、实际完成的工作量。

2. 利用资料情况

1）利用资料的施测单位、时间。

2）坐标系统、采用仪器、观测方法、实测范围。

3）利用资料的精度情况。

4）对利用资料的检查分析和技术评价。

3. 图根控制测量

1）坐标系统和起算数据。

2）图形布置、点位设置及其数量。

3）使用仪器、观测方法和计算方法。

4）精度情况：方位角闭合差和全长相对闭合差。

4. 地形图测绘

1）使用仪器、成图方法及其图幅的划分。

2）地物、地貌的取舍情况。

3）检查项目、方法步骤和检查结果。

4）精度情况：实地测量距离和图上量测距离之比。

5. 地形图应用

1）工程选择概况。

2）土方测量。

3）填挖平衡的设计标高的计算

4）建筑基线及角点坐标。

6. 建筑物测设

1）建筑基线的测设。

2）建筑物轴线的测设。

3）设计标高的测设

4）测设数据的检核。

7. 工程质量的综合评述。

8. 提交的资料和成果清单。

（四）实验总结。主要介绍实习中遇到的技术问题、处理方法、创新之处以及自己的独特见解，对实习的建议和意见，本组和本人在实习中主要做了哪些工作及在实习中的收获。

十一、评分标准

测量实习外业是以小组为单位集体完成的。为了客观全面地反映个人在实习中的情况，特制订本评定标准，内容如表 28-2 所示。

表 28-2　实习成绩的评定标准

序号	项目	基本要求	满分	考核依据	评分细则
1	考勤与纪律	按时出勤，全勤，服从指挥，不影响他人，不损坏公共财物。	14	实习日志监督记录	1/3 缺勤则实习不及格，实行 8 小时工作制，迟到一次扣 1 分，隐瞒考勤加倍扣分。
2	观测与计算	记录齐全，数据准确整洁，表格整齐，计算数据可靠，完成实习的观测任务。	18	小组观测记录个人计算资料（高程、导线等）	小组成果满分 9 分，个人成果满分 9 分，成果缺 1 项扣 2 分，伪造成果则成绩 0 分。
3	仪器操作	无事故，全组仪器完好无损，操作熟练，数据整洁无误（角度、距离、高程、测图）。	20	实习日记事故记录操作考核材料	缺重大事故则实习不及格，记录满分 5 分，操作满分 10 分。
4	绘图	按要求完成地形图测绘，地形图样符合实习要求，按要求完成地形图绘制。	18	小组地形图个人绘地貌图	小组满分 10 分。个人满分 8 分。

续表28-2

序号	项目	基本要求	满分	考核依据	评分细则
5	建筑放样	按要求测量建筑轴线及标高	10	土方计算表成果测设计算成功过（放样图检核记录）	满分：土方计算5分，测设数据计算5分。（含轴线放样）。
6	总结报告	符合提纲要求，分析说明正确，按时提交成果。	20	个人提交的实习报告	基本要求15分，有创意20分，实习干部协作好另加分。

注：1）抄袭成果视情况扣分，直至该项目扣为零分。

　　2）违反操作规程损坏仪器设备，除扣分外还按设备处理赔偿。

　　3）表中1、2、3、4、5项中有2项不及格，则实习不及格。

　　4）总分不及格则实习不及格。

附　录

附录一　工程测量中的相关技术要求

附表 1-1　水准测量的主要技术要求

等级	每千米高差全中误差/mm	路线长度/km	水准仪型号	水准尺	观测次数		往返较差、符合或环线闭合差	
					与已知点联测	附合或环线	平地/mm	山地/mm
二等	2	—	DS1		往返各一次	往返各一次		—
三等	6	≤50	DS1	因瓦	往返各一次	往返各一次		
			DS3	双面		往返各一次		
四等	10	≤16	DS3	双面	往返各一次	往返各一次		
五等	15	—	DS3	单面	往返各一次	往返各一次		—
图根	20	≤5	DS10	单面	往返给一次	往一次		

附表 1-2　水准观测的主要技术要求

等级	水准仪型号	视线长度/m	前后视的距离较差/m	前后视的距离较差累积/m	视线离地面最低高度/m	基本分划、辅分划或黑、红面读数较差/mm	基本分划、辅分划或黑、红面所测高差较差/mm
二等	DS$_1$	50	1	3	0.5	0.5	0.7
三等	DS$_1$	100	3	6	0.3	1.0	1.5
	DS$_3$	75				2.0	3.0
四等	DS$_3$	100	5	10	0.2	3.0	5.0
五等	DS$_3$	100	大致相等	—	—	—	—
图根	DS$_{10}$	100	大致相等	—	—	—	—

附表 1-3　水平角方向观测法的主要技术要求

等级	仪器型号	光学测微器 2 次重合读数之差/″	半测回归零差/″	一测回中 2 倍照准差变动范围/″	同一方向值各测回较差/″
四等及以上	DJ$_1$	1	6	9	6
	DJ$_2$	3	8	13	9
一级及以下	DJ$_2$	—	12	18	12
	DJ$_6$	—	18	—	24

附表 1-4　普通钢尺测距的主要技术要求

边长丈量较差相对误差	作业尺数	丈量总次数	定线最大偏差/mm	尺段高差较差/mm	读定次数	估读值至/mm	温度读数值至/℃	同尺各次或同段各尺的较差/mm
1/30000	2	4	50	≤5	3	0.5	0.5	≤2
1/20000	1～2	2	50	≤10	3	0.5	0.5	≤2
1/10000	1～2	2	70	≤10	2	0.5	0.5	≤3

附表 1-5　光电测距的主要技术要求

平面控制测量	测距仪精度等级	观测次数		总测回数	一测回读数较差/mm	单程各测回较差/mm	往返较差
		往	返				
二、三等	I	1	1	6	≤5	≤7	≤2(a+bD)
	II			8	≤10	≤15	
四等	I	1	1	4~6	≤5	≤7	
	II			4~8	≤10	≤15	
一级	II	1	—	2	≤10	≤15	
	III			4	≤20	≤30	
二、三级	II	1	—	1~2	≤10	≤15	
	III			2	≤20	≤30	

附表 1-6　导线测量的主要技术要求

等级	导线长度/km	平均边长/km	测角中误差/(″)	测距中误差/mm	测距相对中误差	测回数			方位角闭合差/(″)	全长相对闭合差
						DJ_1	DJ_2	DJ_3		
三等	14	3	1.8	20	1/150000	6	10	—		≤1/55000
四等	9	1.5	2.5	18	1/80000	4	6	—		≤1/35000
一级	4	0.5	5	15	1/30000	—	2	4		≤1/15000
二级	2.4	0.25	8	15	1/14000	—	1	3		≤1/10000
三级	1.2	0.1	12	15	1/7000	—	1	2		≤1/5000
图根	≤1.0 M	1.5倍最大视距	20	—	—	—	1	1		≤1/2000

附录二　大比例尺地形图图式示例

编号	符号	符号式样			符号细部图	多色图色值
		1：500	1：1000	1：2000		
1	定位基础					
1.1	三角点 a.土堆上的 张湾岭、黄土岗——点名 156.718、203.623——高程 5.0——比高	3.0 △⦁ $\frac{张湾岭}{156.718}$ a　5.0 △⦁ $\frac{黄土岗}{203.623}$				K100
1.2	小三角点 a.土堆上的 摩天岭、张庄——点名 294.91、156.71-高程 4.0——比高	3.0 ▽⦁ $\frac{摩天岭}{249.91}$ a　4.0 ▽⦁ $\frac{张庄}{156.71}$				K100
1.3	导线点 a.土堆上的 116、123——等级点号 84.46、94.40——高程 2.4——比高	2.0 ⊙ $\frac{116}{84.46}$ a　2.4 ⊙ $\frac{123}{94.40}$				K100
1.4	埋石图根点 a.土堆上的 12、16——点号 275.46、175.64——高程 2.5——比高	2.0 ▣ $\frac{12}{275.46}$ a　2.5 ▣ $\frac{16}{175.64}$				K100
1.5	不埋石图根点 19——点号 84.47——高程	2.0 ⊡ $\frac{19}{84.47}$				K100
1.6	水准点 II——等级 京石5——点名点号 32.805——高程	3.2 ▲ $\frac{14}{495.266}$				K100
1.7	卫星定位连续运行站点 14——点号 495.266——高程	3.2 ▲ $\frac{14}{495.266}$				K100

续附录二

编号	符号	符号式样			符号细部图	多色图色值
		1：500	1：1000	1：2000		
1.8	卫星定位等级点 B——等级 14——点号 495.263——高程	3.0 ▲ $\frac{B14}{495.263}$				K100
2	水系					
2.1	地面河流 a. 岸线（常水位岸线、实测岸线） b. 高水位岸线（高水界） 清江——河流名称	0.15　清江　0.5　1.0　3.0　a b				a. C100 面色 C10 b. M40Y100K30
2.2	地下河段及水流出入口 a. 不明流路的地下河段 b. 已明流路的地下河段 c. 水流出入口	a　b　c 1.5 0.3			c d　R 1.0	C100 面色 C10
2.3	消失河段	1.6　1.3				C100 面色 C10
2.4	时令河 a. 不固定水涯线 (7—9)——有水月份	3.0　1.0　a　(7—9)				C100 面色 C10
2.5	干河床（干涸河）	3.0　1.0				M40Y100K30
2.6	运河	0.25				C100 面色 C10
3	居民地及设施					

续附录二

编号	符号	符号式样			符号细部图	多色图色值
		1：500	1：1000	1：2000		
3.1	单幢房屋 a.一般房屋 b.裙楼 b1.楼层分割线 c.有地下室的房屋 d.简易房屋 e.突出房屋 f.艺术建筑 泥、钢——房屋结构 2、3、8、28——房屋层数 （65.2）——建筑高度 -1——地下房屋层数					K100
3.2	建筑中房屋					K100
3.3	棚房 a.四边有墙的 b.一边有墙的 c.无墙的					K100
3.4	破坏房屋					K100
4	交通					

续附录二

编号	符号	符号式样			符号细部图	多色图色值
		1：500	1：1000	1：2000		
4.1	标准轨铁路 a. 地面上的 a1. 电杆 b. 高架的 c. 高速的 c1. 高架的 d. 建筑中的					K100
4.2	窄轨铁路					K100
4.3	高速公路 a. 临时停车点 b. 隔离带 c. 建筑中的					K100
4.4	国道 a. 一级公路 a1. 隔离设施 a2. 隔离带 b. 二至四级公路 c. 建筑中的 ①、②——技术等级 代码 （G305）、（G301）—— 国道代码及编号					M100Y100
5	管线					

续附录二

编号	符号	符号式样			符号细部图	多色图色值
		1:500	1:1000	1:2000		
5.1 5.2 5.3	高压输电线 架空的 a. 电杆 35-电压(kV) 地面下的 a. 电缆标 输电线入地口 a. 依比列尺的 b. 不依比列尺的					K100
5.4 5.5 5.6	配电线 架空的 a. 电杆 地面下的 a. 电缆标 配电线入地口					K100
5.7 5.8 5.9 5.10 5.11	电力线附属设施 电杆 电线架 电线塔(铁塔) a. 依比列尺的 b. 不依比列尺的 电缆标 电缆交接箱 电力检修井孔					K100
5.12	变电室(所) a. 室内的 b. 露天的					K100

续附录二

编号	符号	符号式样			符号细部图	多色图色值
		1∶500	1∶1000	1∶2000		
5.5.5	变压器 a.电线杆上的变压器	a		b	1.5.1.0　0.5	K100
6	境界					
6.1	国界 a.已定界和界桩—界碑 及编号 b.未定界	a　2号界碑 1.3　4.5　4.5　0.75 b　4.5　4.5　1.6			0.3 1.3	K100
6.2	省级行政区界线和界标 a.已定界和界标 b.未定界	a　c 4.5　4.5　1.0　0.6 b　1.5　4.5			0.3 1.3	K100
6.3	特别行政区界线	1.0　3.5　4.5　0.5				K100
6.4	地级行政区界线 a.已定界和界标 b.未定界	a　3.5　1.0　4.5　0.5 b　1.0　1.5 3.5　4.5　0.5				K100
6.5	县级行政区界线 a.已定界和界标 b.未定界	a　3.5　4.5　0.4 b　3.5　1.5　4.5　0.4				K100
6.6	乡、镇级界线 a.已定界 b.未定界	a　1.0　4.5　4.5　0.25 b　1.0　1.54.5　4.5　0.25				K100
6.7	村界	1.0　2.0　4.0　0.2				K100

续附录二

编号	符号	符号式样			符号细部图	多色图色值
		1 : 500	1 : 1000	1 : 2000		
6.8	特殊地区界线	0.8 ▬ ▬ 3.3 ⌐⌐ ▬ 1.6 ⌐⌐ ▬ 0.4				K100
7	地貌					
7.1	等高线及其注记 a. 首曲线 b. 计曲线 c. 间曲线 d. 助曲线 e. 草绘等高线 25——高程	a　　　　　　0.15 b　　25　　　0.3 c　1.0　　6.0　0.15 d　1.0　3.0　0.12 e　1000　5~12　1.0				M40Y10
7.2	示坡线	0.8				M40Y10
7.3	高程点及其注记 1520. 3、 - 15. 3—— 高程	0.5 •1520. 3　•-15. 3				
7.4	比高点及其注记 6. 3、20. 1、3. 5—— 比高	0.5 •6.3　20.1▲　3.5				

续附录二

编号	符号	符号式样			符号细部图	多色图色值
		1:500	1:1000	1:2000		
7.5	水下高程注记及等高线 a. 水下高程(实测高程)注记 b. 水下等高线 b1. 首曲线 b2. 计曲线 b3. 间曲线 b4. 当地平均海水平面 -3、-5——高程 采用深度基准面的水下深度等深线 a. 水深(转绘水深)注记 a1. 水深 a2. 干出高度 b. 等深线 b1. 首曲线 b2. 计曲线 3、5——水深					
8	植被与土质					
8.1	稻田 a. 田埂					
8.2	旱地					
8.3	菜地					
8.4	水生作物地 a. 非常年积水的 菱—品种名称					

续附录二

编号	符号	符号式样			符号细部图	多色图色值
		1：500	1：1000	1：2000		
8.5	台田、条田	台田				
8.6	半荒草地	0.6　1.6　10.0　10.0				
8.7	荒草地	0.6　10.0　10.0				
8.8	花圃花坛	1.5　0.5　10.0　10.0				

注：以上 8 个表格只列出部分地形图符号和注记，欲得到更详细的大比例尺地形图符号和注记，请关注《国家基本比例尺地图图式第 1 部分：1：500 1：1000 1：2000 地形图图式》(GB/T 20257.1—2017)。

参考文献

［1］王侬，过静珺. 现代普通测量学［M］. 北京：清华大学出版社，2009.

［2］程效军，鲍峰，顾孝烈. 测量学［M］.5 版. 上海：同济大学出版社，2016

［3］潘正风，程效军，成枢，等. 数字地形测量学［M］. 武汉：武汉大学出版社，2015.

［4］邓晖，刘玉珠. 土木工程测量［M］. 广州：华南理工大学出版社，2015.

［5］李井永，张立柱，付丽文，等. 工程测量［M］. 北京：清华大学出版社，2014.

［6］周文国，郝延锦. 工程测量［M］.2 版 北京：测绘出版社，2013.

［7］陈永奇. 工程测量学［M］.4 版. 北京：测绘出版社，2016.

［8］张正禄. 工程测量学［M］.3 版. 武汉：武汉大学出版社，2020.

图书在版编目(CIP)数据

工程测量实验实习指导／韩用顺，韦建超，李爱国主编. —长沙：中南大学出版社，2021.8

普通高等学校土木工程专业规划教材

ISBN 978-7-5487-4490-0

Ⅰ．①工… Ⅱ．①韩… ②韦… ③李… Ⅲ．①工程测量—实验—高等学校—教材 Ⅳ．①TB22-33

中国版本图书馆 CIP 数据核字(2021)第 112726 号

工程测量实验实习指导

GONGCHENG CELIANG SHIYAN SHIXI ZHIDAO

主编 韩用顺 韦建超 李爱国

□责任编辑	刘 辉
□责任印制	唐 曦
□出版发行	中南大学出版社
	社址：长沙市麓山南路 邮编：410083
	发行科电话：0731-88876770 传真：0731-88710482
□印 装	湖南蓝盾彩色印务有限公司

□开　本　787 mm×1092 mm　1/16　　□印张 9　　□字数 227 千字

□版　次　2021 年 8 月第 1 版　　□2021 年 8 月第 1 次印刷

□书　号　ISBN 978-7-5487-4490-0

□定　价　32.00 元